TEXT PROMPT

an illustration of a baby

AI-GENERATED IMAGES

身につく！
「PCパーツ」「ネットワーク」「AI」
の基礎知識

はじめに

　「半導体」や「ロボット」、「パソコン」、「ネットワーク」、「ソフトウェア」など、技術の進歩はとても速いですが、それらが大きく進歩したり、変化したりするときには、何かしらきっかけになる事象があるものです。

　とくに、インターネットが一般に普及しはじめた1995年前後は、IT業界に大きな変革をあたえた時期です。
　生活に浸透している技術製品は進化し、日常生活のあり方は変化。これは、「インターネットが世の中を変えた」……と言っても過言ではありません。
＊
　そのインターネットが普及してから30年ほど経ちますが、現在の技術がどれだけ進歩し、変化したのか、変遷を辿りながら解説していきます。

　一通りさらっと読むだけでも、IT技術の基礎知識として身につくことでしょう。

I/O編集部

身につく!
「PCパーツ」「ネットワーク」「AI」の基礎知識

CONTENTS

第1章

PCパーツ性能の移り変わり

　ユーザーに身近なPCは、半導体の進歩と共に歩み、進化してきました。単純に数字の比較だけ見れば、30年前には予想できなかったスピードで、性能が向上したものもあります。

　本章では、PCを構成する「CPU群」、GPU/HDD/SDDを高速に接続するための「シリアルI/F」、さまざまな機器を接続する「汎用拡張I/F」の性能と進化を見ていきます。

PCと自作パーツの進化

～PC98の独占市場からPC/AT互換機へ～

ここでは、日本国内における「PC」や「自作パーツ」の歴史を
辿ってみます。

■勝田有一朗

大きな進化を遂げたPC

■ここ30年でPCはどう変わったか

"十年一昔"という言葉もありますが、30年前と現在とでは、「PCハードウェア」はもちろん、PCを取り巻く環境も、何もかもが変わっています。当時を知る人は、一緒に思い返してみてください。

■2023年のPCスペック

昔を振り返る前に、「2023年」の最新PCスペック（Windows PC）を紹介しておきましょう。

●CPU

「Intel 第13世代Coreプロセッサ」「AMD Ryzen 7000シリーズ」など。コア数「4～24コア」、動作クロックは最大5GHzオーバー。

●インターフェイス規格

最新規格は「PCI Experss 5.0」。「PCI Express」は「上位/下位の互換性」をもち、実際によく利用されているのは、「PCI Express 4.0/3.0」の機器が多い。

●システムメモリ

最新規格は「DDR5 SDRAM」。「DDR4 SDRAM」もまだ広く用いられています。メモリ容量は「16GB～32GB」が主流。

●ストレージ

メインストレージは「M.2 NVMe SSD」の容量「512GB 〜1TB」が主流に。

●ビデオカード（GPU）

CPU内蔵GPU、もしくはNVIDIA、AMD製のビデオカードを使用。

最新「NVIDIA GeForce RTX 4090」の演算性能は「82TFLOPS」に到達。

●拡張インターフェイス

主な周辺機器は、「USB 2.0/3.x」で接続を行なう。「USB Type-C」は多用途ですが、それが逆に混乱の元になっている面も。

●ネットワーク

「有線LAN」は転送速度「1Gbps」の「1000BASE-T」が主流。

より高速な「2.5GBASE-T」を搭載するPCも増えています。「無線LAN」は「Wi-Fi 5/6」が主流。

＊

細かいところまで書き連ねるとキリがありませんが、「2023年の最新PCスペック」は、上記のようになります。

では、このスペックに至るまで、どのような紆余曲折があったのか、辿っていくことにしましょう。

激動の予感がした30年前

■「黒船来航前夜」にも似た、1993年

まずは、今からちょうど30年前となる「1993年」の「国内PC事情」を解説していきます。

＊

当時は群雄割拠の1980年代PC市場を制したNEC「PC-9800シリーズ」の「絶頂期」とも言える時代でした。

図1-1-1　国内で圧倒的なシェアだった「PC-9800シリーズ」

　ただ、その栄華に陰りが見え始めたのもこの頃でしょうか。

　「世界標準PC」をウリに日本市場へ参入していた「PC/AT互換機」の存在が大きくなっていたのです。

　「PC/AT互換機」で日本語を表示する「DOS/V」のリリースが1990年。

　PCマニアの間では、高性能なPCを安く手に入れられるとして、秋葉原や日本橋に繰り出しました。

　「PC/AT互換機」を扱うショップが、どんどん増えてきたころです。

＊

　こうしたPCマニアによるPC/AT互換機支持の理由の1つに、「PC-9800シリーズ」の「低スペック」「高価格」があったと思います。

　当時の「PC-9800シリーズ」はスペックの進化がとても遅く、事実1988年から1991年までの4年間、最上位機種のCPUは「i386DX-20MHz」から変わりませんでした。

＊

　1992年に「i486SX-16MHz」搭載「PC-9801FA」の登場で沸き立っていたころ、海外では倍の性能をもつ「i486DX-33MHz」搭載「PC/AT互換機」を、もっと安価に購入できていたのです。

＊

　1992年に「Windows 3.1」がリリースされ、国内でも「PC/AT互換機」

の注目度が上がっていくと、NECも「Windows 3.1」を見据えた高性能機「PC-9821Aシリーズ」を1993年1月に発売。

　最上位機種「PC-9821Ap」は「i486DX2-66MHz」搭載と、前年の「PC-9801FA」から大幅に性能向上しています。

　その夏には最新の「Pentium-60MHz」とウィンドウ・アクセラレータを搭載した「PC-9821Af」をリリースするなど、これまでの牛歩戦術はなんだったのかと言わんばかりの矢継ぎ早で、「Windows 3.1」向け最新PCを投入していきました。

　また、富士通も「PC/AT互換機」の「FMV-DESKPOWERシリーズ」の販売を開始します。

＊

　そういった流れの中、PCユーザーの間にも、「あれ、Windowsが動けばPCはなんでもいいんじゃね？」という意識が急速に広まっていったように思います。

　そして、PCユーザーの関心は、「Windows 95」へと一気に集中していくのでした。

■ ゲームチェンジャーとなった「Windows 95」

　1995年11月23日、国内PC情勢を一晩で塗り替えたと言っても過言ではない「Windows 95」がリリースされました。

＊

　これを機に、パナソニック、シャープ、日立、三洋、三菱、ソニーといった大手家電メーカーも「Windows 95」搭載の「PC/AT互換機」を発売、PC市場はとても賑やかなものとなります。

　また、メーカー製PCよりも安くて高性能なPCを入手できるとして、「自作PC」や「ショップブランドBTO」も盛況でした。

＊

　NECも「Windows 95」対応の「VALUESTARシリーズ」を発売し、過去の「PC-9800資産」も活かせるWindows PCとして一瞬盛り返しましたが、世の流れには逆らえず、97年には「PC/AT互換機」ベースの「PC98-NX」をリリース。

　以後、「PC/AT互換機」メーカーとなり、現在の「LAVIEシリーズ」へとつながっています。

■ PC世界市場の一部となった日本

　こうして国内のPC市場も「PC/AT互換機」が主流となり、以後は世界のPC事情とリンクしていくこととなりました。

＊

　その後、1990年代後半から2000年代にかけては激動の時代で、さまざまなメーカーから数多のPCパーツが登場し、PC性能もどんどん向上していきます。

　また、時代の波にのまれて姿を消すメーカーやベンダーも少なくありませんでした。

　「自作PCユーザー」にとっては、とてもエキサイティングな時代だったかと思います。

＊

　PC業界の勢力図がある程度落ち着いた2010年代からは、PC更新のサイクルも長めになり、性能向上著しい分野はGPUくらいになっていました。

　ある意味で退屈であり、ある意味で財布に優しい時代と言えるでしょう。

　そして、直近の2020年前後になると、Intel、AMD、NVIDIA間での性能競争が再び過熱し、現在に至っている、といった感じです。

＊

　そんな30年間でPCがどれだけ進化してきたのか、見ていくことにしましょう。

表で見る30年間の歩み

　PCの各パーツの年代ごとの変遷を、5年ごとに大まかに区切って示したものを**表1-1**にまとめています。

　年代については、前後1〜2年の幅を見てください。

　この一覧を肴に、いろいろと当時の出来事を補足していくことにしましょう。

■「Intel」と「AMD」の一騎打ちとなった「CPU」

　まずCPUについて見てみると、90年代後半はAMD以外にも「x86互換CPU」を発売しているベンダーがあり、この欄には書き切れなかったものもいくつかあります。

　ところがIntelが「P6バス・プロトコル」の特許を取得して事実上互換CPUの排除に踏み切ったことで、その多くは姿を消しました。

　AMDだけは独自プラットフォームを立ち上げて互換CPUを作り続け、これが現在の「Ryzenシリーズ」にまで続いています。

＊

　こうして、2000年代にはすでに「Intel」と「AMDの一騎打ちの様相となっていたのです。

　2000年早々には両社のCPUのどちらが早く動作クロック「1GHz」に到達するかという熱い戦いもありました。

　同年後半にはIntelが高クロック特化型の「Pentium 4」を発表しますが、このアーキテクチャがあまりよろしくなかった。

　消費電力と発熱がどんどん増えていくといった有様で、"将来的には10GHzへ！"と息まいていたIntelも、方針転換を余儀なくされます。

＊

　そしてIntelが停滞した2000〜2005年にかけてAMDは大躍進。

　「x86」の「64bit化」を行なった「Athlon 64」の投入で、「64bit化」のイニシアチブを取ります。

　Intel CPUよりも発熱が少なく性能の良い「Athlon 64/64 X2」は、高い人気を集めました。

　ただ、AMDは、その後2000年代後半〜2010年代後半にかけて、性能面でIntelを上回るCPUをなかなか開発できず、大きく水を空けられてしまうことになります。

＊

　2010年と2015年のCPUコア数や動作クロックを見れば分かりますが、この間、まともな競争相手のいなかった「Intel CPU」は、ほんのちょっとずつしか性能向上していません。

　この状況はAMDから「Ryzenシリーズ」がリリースされるまで続き、2020年には強力なライバルとなった「Ryzenシリーズ」に対抗すべくIntel CPUも一気に性能向上を図ったことが伺えると思います。

■「GPU」も概ね似たような傾向に

　「GPU」の変遷にも目を向けてみると、やはりこちらも90年代後半まではさまざまなチップベンダーが参画していたものの、2000年以降は「NVIDIA」と「ATI」の一騎打ちとなっています。

＊

　ちなみに、「ATI」は2006年に「AMD」に買収されたため、現在は「NVIDIA」と「AMD」の一騎打ち……では無く、2022年にGPU分野へ帰ってきた「Intel」を含めた3メーカーが競い合っている状態です。

＊

　なお、「GPU」の変遷で注目したいポイントの1つとして、2000年の前後が挙げられます。

　まず1999年に登場した「GeForce 256」は、「ハードウェアT&L」を最初に搭載したGPUで、このときはじめて「グラフィックス・チップ」に対して「GPU」(Graphics Processing Unit)という言葉が使われました。

　また、2001年リリースの「GeForce 3」は、初めて「プログラマブル・シェーダ」に対応したGPUです。

　以後、GPUは「GPGPU」という汎用コンピュータとしての役割も与えられ、後のAI開発などにつながることとなります。

＊

　このように2000年前後を境にGPUへの要求は格段に跳ね上がり、これが技術的に超えられないとして、さまざまなGPUベンダーが撤退した要因の1つにも考えられます。

　そんな中、ずっとNVIDIAのライバルとして張り合ってきたAMDには、今後も期待が集まります。

　現在NVIDIAは「マイニング・ブーム」の影響による「GPU市場」の混乱が続いており、世代交代も上手くいっているとは言い難い現状です。

　そこに付け入ることができれば、AMDの大きな飛躍につながるかもしれません。注目です。

■ 競争相手は大事

　こうしてPCの30年を振り返ってみると、一番に思うのは、"競争相手の大切さ"になります。

　30年前のNEC然り、現在のIntelやNVIDIAについても競争相手がいなければ健やかな成長は望めません。

　CPU分野とGPU分野の両方でIntelとNVIDIAの競争相手となっているAMDは大変な立場ですが、今後のPCの進化にとって欠かせない存在であることは間違いありません。

表1-1　PCパーツ30年の変遷

	1995年前後	2000年前後	2005年前後	2010年前後	2015年前後	2020年前後
OS	Windows 95	Windows 2000	Windows XP	Windows 7	Windows 8/10	Windows 10
代表的なCPU	Intel Pentium Intel MMX Pentium Cyrix 6x86 AMD K6	Intel Pentium III Intel Pentium 4 AMD Athlon AMD Athlon XP	Intel Pentium D Intel Core 2 Duo AMD Athlon 64 X2	Intel 第2世代Core (Sandy Bridge) AMD Phenom II AMD FX/A	Intel 第6世代Core (Skylake) AMD A	Intel 第10世代Core (Cometlake) AMD Ryzen 5000
CPU動作クロック (Intel CPUについて)	最大約233MHz	最大約2.0GHz	最大約3.6GHz	最大約3.9GHz	最大約4.2GHz	最大約5.3GHz
最上位モデル CPUコア数 (Intel CPUについて)	1コア	1コア	2コア	4コア	4コア	10コア
拡張バス規格	PCIバス (133MB/s) ISAバス (8MB/s)	AGP 4x/バス (1.07GB/s) PCIバス ISAバス	PCI Express 1.1 x16 (4GB/s) PCIバス	PCI Express 2.0 x16 (8GB/s) PCIバス	PCI Express 3.0 x16 (15.75GB/s) PCIバス	PCI Express 4.0 x16 (31.51GB/s)
メモリ規格	EDO DRAM (200MB/s)	PC100 SDRAM (800MB/s) DDR-333 (2.7GB/s)	DDR-400 (3.2GB/s) DDR2-800 (6.4GB/s)	DDR3-1333 (10.6GB/s)	DDR4-2133 (17GB/s)	DDR4-3200 (25.6GB/s)
推奨メモリ容量	16~32MB	128~256MB	512MB~1GB	4~8GB	8~16GB	8~32GB
GPU	Matrox Millennium S3 ViRGE NVIDIA RIVA 128 ATI 3D RAGE 3Dlabs Permedia 2 3dfx Voodoo Banshee	NVIDIA GeForce 256 NVIDIA GeForce 2 GTS NVIDIA GeForce 3 ATI Radeon 7000	NVIDIA GeForce 7000 NVIDIA GeForce 8000 ATI Radeon X1000	NVIDIA GeForce GTX 400 ATI Radeon HD 6000	NVIDIA GeForce GTX 900 AMD Radeon Rx 300	NVIDIA GeForce RTX 3000 AMD Radeon RX 6000
メインストレージ	HDD	HDD	HDD	HDD/SSD	SSD	SSD
ストレージ インターフェイス	IDE (8.3MB/s)	Ultra ATA/33 (33.3MB/s)	Ultra ATA/100 (100MB/s) SATA 150 (150MB/s)	SATA 600 (600MB/s)	SATA 600 M.2 NVMe (3.938GB/s)	SATA 600 M.2 NVMe (7.877GB/s)
周辺機器用 インターフェイス	Serial/Parallel/SCSI	USB 1.1 (12Mbps)	USB 2.0 (480Mbps)	USB 2.0	USB 2.0 USB 3.0 (5Gbps) USB 3.1 Gen2 (10Gbps)	USB2.0 USB 3.2 Gen1 (5Gbps) USB 3.2 Gen 2 (10Gbps)
ネットワーク	10BASE-T (10Mbps) 100BASE-TX (100Mbps)	100BASE-TX IEEE802.11b (11Mbps)	100BASE-TX 1000BASE-T (1Gbps) IEEE802.11a/g (54Mbps)	1000BASE-TX Wi-Fi 4 (600Mbps)	1000BASE-T Wi-Fi 5 (6.9Gbps)	1000BASE-T 2.5GBASE-T (2.5Gbps) Wi-Fi 6 (9.6Gbps)

AMD 新型プロセッサの性能と特徴

～Ryzen7000 アーキテクチャとパフォーマンス～

AMDは2022年、「Ryzen 7000」シリーズのプロセッサを発表しました。AMDの新型プロセッサは、どのような性能や特徴をもっているのでしょうか。

■ 本間　一

COMPUTEX TAIPEI 2022

「COMPUTEX」(台北国際コンピュータ見本市)は、アジア最大規模の「ICT」(Information and Communication Technology)イベントです。

「インテル」や「AMD」、「NVIDIA」などを筆頭に、多数の主要なPC関連企業が参加。

COMPUTEXは毎年6月に開催されるのが通例ですが、2022年は5月24～27日のスケジュールで開催されました。

AMD会長兼CEOのリサ・スー氏は、COMPUTEXの基調講演に登壇し、「Ryzen 7000」シリーズのメインストリーム向けプロセッサを発表。

スー氏は「AMDハイパフォーマンス・コンピューティング体験」というテーマで、新プロセッサに関連する「Zen 4」や「AM5プラットフォーム」などの最新アーキテクチャについて解説しました。

ラインアップと仕様

「Ryzen 7000」シリーズでは、4種類のプロセッサが9月30日の夜から一斉に発売されました (表1-2)。

表1-2　Ryzen 7000シリーズの主な仕様

モデル名	Ryzen 9 7950X	Ryzen 9 7900X	Ryzen 7 7700X	Ryzen 5 7600X
コア/スレッド	16/32	12/24	8/16	6/12
動作クロック	4.5GHz	4.7GHz	4.5GHz	4.7GHz
ブーストクロック	5.7GHz	5.6GHz	5.4GHz	5.3GHz
L2キャッシュ	16MB	12MB	8MB	6MB
L3キャッシュ	64MB		32MB	
TDP	170W		105W	
対応メモリ	DDR5			
ソケット	AM5			
対応チップセット	AMD 600シリーズ			
GPU	搭載			
アーキテクチャ	Zen 4			
参考価格(税込)※	117800円	92500円	66800円	49900円

※価格は、発売直後のおよその市場価格。

　Ryzenは、「Ryzen 9」や「Ryzen 7」など、一桁の数字でグレードを表わし、数字が大きいほど上位製品です。

　グレード表記に続く4桁の数字が、製品の型番を表わします。
　今回の新製品は、型番が7000番台なので、その製品グループを「Ryzen 7000」シリーズと呼びます。

　Ryzen 7000シリーズ共通の仕様は、「DDR5メモリ」「ソケットAM5」「AMD 600」シリーズのチップセットに対応すること。上位と下位製品では、コア数やキャッシュメモリに差があります。

　今回発売されたプロセッサは、Ryzen 5～9のハイミドルからハイエンド向けのラインアップです。

　動作クロックはほぼ横並びになっていますが、7900Xと7600Xは、動作クロックが高めに設定されています。

　この設定差は、ハイエンド向けの「7950Xと7900X」、ハイミドル向けの

「7700Xと7600X」の比較で、それぞれコア数の少ないモデルの性能を補強する意図があると考えられます。

図1-2-1 「AMD Ryzen 7000」シリーズ・プロセッサ
最大16コア、32スレッド、最大5.7GHzのブーストクロック2、最大80MBのキャッシュを備える。

ゲーミング性能の向上

AMDは1920x1080ドットの解像度で、「Ryzen 5 7600X」と従来製品「Ryzen 5 5600X」のゲーミング性能を比較した指標を発表しています。

それによると、7600Xでは5600Xよりも平均21％高速だとしています。
ただし、その比較では、AM5とAM4という違いがあるため、「プラットフォームの更新を含めた参考指標」と捉える必要があります。
＊
ゲーム・タイトルの中でも特に、①アクションRPG「Middle-earth: Shadow of War」、②カーレース「F1 2021」、③PVP（チーム対戦）アクション「Rainbow Six Siege」―――の3タイトルで、7600Xの指標が際立っていて、34〜40％の性能向上を果たしています。
＊
「Rainbow Six Siege」は、アジアやヨーロッパを中心にeスポーツイベ

ントが開催されていて、ゲームファンの注目を集めています。

　eスポーツでは、コンマ数秒の差で勝敗が決まる場合もあり、プロセッサの性能は重要な要素の1つです。

　最前線で戦うエキスパートやプロのゲーマーが使用するPCで、Ryzen 7000シリーズの採用が増えるのであれば、その性能は本物だと言えるでしょう。

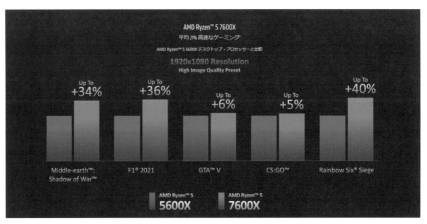

図1-2-2　「Ryzen 5 5600X」と「Ryzen 5 7600X」の
ゲーミング性能比較

設計・製作分野

　AMDは、建築設計、工学、製品設計、メディアやエンタテインメントなどの分野で、「Ryzen 9 7950X」と「Intel Core i9-12900K」を比較した指標を発表しています。

＊

　Chaos Group社のV-Rayは、業界標準のレンダリングソフトの1つで、3D映像製作、建築設計、工業製品のデザインなどで利用されています。

＊

　Chaos Groupは、公式ベンチマークソフトとして、「V-Ray 5 Benchma

rk」を提供。

そのソフトでは、「CPUのみ」「GPUのみ」「CPU+GPU」など、条件を変えたベンチマークがとれます。

＊

AMDはCPUのみのベンチマークテストで、「7950X」と「i9-12900K」を比較して、最大57％優れた結果を得られたと発表しています。

構造設計に使われる「SIEMENS NX」によるCPUベンチマークでは、7950Xは最大15％優れたパフォーマンスを発揮しました。

メディア＆エンターテイメント分野では、映像編集ツール「Premiere Pro」を使う、「PugetBench for Premiere Pro」によって、4K映像を用いたCPUベンチマークを実施。

このベンチマークでは、指定されたプロジェクト・ファイルを使って、決められた手順でリアルタイムの映像処理を行なって、CPUスコアを計測します。

AMDは、「7950Xはi9-12900Kよりも最大56％高速再生」という結果を発表しています。

AMDが自社に有利なベンチマーク結果のみを発表している可能性は否めませんが、特定のアプリケーションで著しい好結果を得られたことには注目すべきでしょう。

ソケットAM5

AMDはこれまで、長期に渡って「AM4プラットフォーム」のサポートを提供して、プロセッサの互換性を保ってきました。

そのような互換性を重視する方針は、ユーザーの支持を集める理由の1つになっています。

＊

CPUソケットがAM3からAM4に移行した際には、その途中に

「AM3+」という仕様があり、ある程度の互換性を保ちながらゆっくり移行するというイメージでした。

　AM5では、多くの仕様変更があり、AM4対応プロセッサとの互換性はありません。

　AM4はCPU側にピンがある「PGA」(Pin Grid Array)でしたが、AM5はソケット側にピンがある「LGA (Land Grid Array)」になりました。
　AM5のコンタクト数は1718なので、Socket AM5は「LGA1718」とも呼ばれます。

＊

　ちなみに、AM4のコンタクト数は1331なので、AM5は387の増加になっています。

特殊なヒートスプレッダ形状

　Ryzen 7000シリーズのプロセッサのパッケージには、最大2つのCPUダイ「CCD (CPU Complex Die)」が搭載されます。「CCD」のコア数は、最大8なので、パッケージには最大16コアを搭載できます。

　Ryzen 7000シリーズのプロセッサを上から見て、金色のダイがCCDで、黒っぽいダイにI/O回路がパッケージされています。
　通常はヒートスプレッダ(冷却板)に隠れて、それらのダイは見えません。

　従来のRyzenでは、角丸の四角いヒートスプレッダでしたが、Ryzen 7000プロセッサのヒートスプレッダは周囲の一部がカットされていて、四隅と上下左右に、合計8本の足が出ているような形状です。

＊

　その特殊なヒートスプレッダ形状は、必然的に設計されたデザインです。一般にCPUの表面や裏面には、微小な半導体部品(キャパシタ)が実

装されています。通常はCPU表面の外周付近には部品が無いので、CPU
表面の外周部に四角いヒートスプレッダを接着して固定します。

　Ryzen 7000プロセッサでは、表面に多数のキャパシタがあって、外周
付近にも実装されています。そのため、キャパシタの位置を避けてヒート
スプレッダを取り付けるために、8本足の形状になりました。

図1-2-3　「Ryzen 7000」プロセッサのイメージ
ヒートスプレッダ無し（左）ヒートスプレッダあり（右）

CPUクーラーの互換性

　「AM4」と「AM5」のソケットでは、CPUクーラー用の取り付け穴の位
置と高さは同じ寸法なので、基本的にAM4用のCPUクーラーはAM5の
マザーボードに取り付け可能です。

＊

　ただし、ソケットの形状は若干異なるため、AM4対応CPUクーラーを
AM5に流用する場合には、別途専用パーツが必要になる場合があります。
　そのようなAM5対応パーツは、「AM5マウンティングキット」や「AM5ア
クセサリーパーツ」などの名称で、1200円前後の価格で販売されています。

　また、メーカーによっては、数カ月以内に購入したユーザーに限り、
AM5対応パーツを無償提供する場合もあります。

　こうしたAM5関連の対応情報は、メーカーの公式サイトで確認してください。

＊

　さて、Ryzen 5000シリーズのTDPは、65Wまたは105Wでした。その上位製品でも65Wの「Ryzen 9 5900」が選択可能です。

　一方、Ryzen 7000シリーズでは、Ryzen 5と7のTDPが「105W」、Ryzen 9が「170W」と、高負荷時の消費電力が多くなっています。

　この仕様変更について、AMDは「多少消費電力が増えてもかまわないので、プロセッサの処理能力を高めてほしいというユーザーの声に応えたため」と説明しています。

　このように、Ryzen 7000シリーズのプロセッサのTDPは、従来製品よりも高めなので、なるべく高性能なCPUクーラーが推奨されます。

　物理的にAM4用CPUクーラーをAM5マザーボードに取り付けられる場合でも、冷却性能が足りない場合があります。

　PCの高負荷運用時のプロセッサ温度が高すぎる場合には、CPUクーラーのアップグレードを検討すべきでしょう。

Zen 4アーキテクチャ

■ 15%性能向上

　「Zen 4」（ゼンフォー）は、CPUアーキテクチャのコードネームです。

　製造プロセスは従来の「Zen 3」では「7nm」でしたが、さらに縮小し、「CPUコア・チップレット」は「5nm」、「I/Oダイ」は「6nm」になりました。

＊

　コアあたりのL2キャッシュは従来の「512KB」から「1MB」に増量。

　AMDは、Ryzenプロセッサを搭載したPCで、「Cinebench R23 1T」によるベンチマークテストを行ない、「従来プロセッサ製品と比較して、シ

ングルスレッドで15%性能向上」という検証結果を発表しています。

「Cinebench」は、ドイツのMaxon Computerが無償提供しているCPUベンチマークソフトです。「Cinebench」では、3Dグラフィクスのレンダリング性能を計れます。

ターボ時の最大クロックは、「Zen 3」の「4.9GHz」から、「Zen 4」では「5.7GHz」に引き上げられています。

メモリがDDR5対応になったことも、ベンチマークテストの好結果の要因になっています。

Zen 4の「IPC」(Instruction per Clock)は、Zen 3よりも最大13%向上しています。IPCとは、クロックあたりの命令処理数です。

「IPC」はCPU性能の指標の1つと考えられますが、単純に「IPC」を増やすだけでは性能は上がりません。

IPCが増えると、処理すべき情報量も増えるため、それに合わせて入出力系回路を強化する必要があります。

■「AVX-512」への対応

「AVX-512」(アドバンスド・ベクトル・エクステンション512)は、インテルが開発した新しい命令セットです。

最大2つの「512ビット融合積和(FMA)ユニット」を使って、AI、ディープラーニング、3Dモデリング、物理現象のシミュレーション、暗号化など、膨大な浮遊小数点演算を要するアプリケーションの処理能力を高めることができます。

「AVX-512」は、インテルのXeonプロセッサ向けに開発されましたが、「Skylake-X」アーキテクチャで採用され、コンシューマー向け製品の

「Core X プロセッサ 10000」シリーズで利用できるようになりました。

＊

「積和演算」とは、乗算の結果を順次加算する演算。

たとえば、ゲームやカーナビで3Dオブジェクトを描く際には、描画前のベクトル演算によって座標変換を行ないます。

ベクトル演算の結果は、積和演算の繰り返しによって得られます。

その他、音声や画像のデータ圧縮や信号の周波数成分の解析にも積和演算を行ないます。

＊

四捨五入や切り捨てなどで、数値を特定の桁数にすることを「丸める」と言います。

積和演算の途中で演算結果を丸めると、最終演算結果の誤差が大きくなります。

「融合積和演算」は、積和演算を1命令で行って、結果の誤差を小さくする演算方法です。

AMDのアーキテクチャでは、Zen 4で初めて、AVX-512命令をサポート。AVX-512には、多様な機能があり、機械学習分野の処理能力を高めます。

■ チップセット

「Socket AM5」搭載マザーボードに対応する「6000シリーズチップセット」には、上位モデル「X670E」「X670」の2種、普及モデル「B650」「B650E」の2種。合計4種類のチップセットがあります。

それぞれ、型番に「E」が付いているほうが上位です。

「X670E」は、最大24レーンの「PCIe 5.0」(PCIe Gen 5.0)に対応し、ストレージやグラフィックをサポートします。

「SuperSpeed USB」は10Gbpsが最大12レーン、20Gbpsが最大2レーン。なお、これらの仕様は最大数なので、実際の搭載数はマザーボードの

仕様によって異なります。

　AM5マザーボードでは、「X670E」搭載製品を選んでおけば無難です。
　その他のチップセット搭載マザーボードを検討する際には、「PCIe」や
「M.2」スロットなどの仕様と搭載数を確認する必要があります。

＊

　各チップセットでは、「PCIe」「USB」「SATAレーン」などの仕様や、利
用可能数が異なります。「B670」と「B650」では、グラフィックスの仕様が
「PCIe 4.0」です。
　「PCIe 4.0 x16」の最大転送速度は32GB/s、「PCIe 5.0 x16」は64GB/s
です。

　なお、PCIeには下位互換性があり、たとえば「PCIe 5.0」スロットで
「PCIe 4.0」対応グラフィックボードは利用可能です。

Intel 第13世代「Core i」シリーズ

～ 15 ～ 40%の性能向上「Raptor Lake」～

Intelは、パソコン向けに「Core iシリーズ」のCPUを開発
しています。第12世代「Alder Lake」は「ハイブリッドCPU」
として発売され、人気を集めていますが、最新の「Raptor Lake」
は、どのような変貌を遂げたのでしょうか。

■勝田有一朗

CPUの世代

「Intel Core」は、インテルのCPU（プロセッサ）のブランド名です。

「Core iシリーズ」は、「メインストリーム向けのCPU製品群」の名称で、メインストリームとは、もっともよく使われるパソコン向けの製品を指します。

CPUの開発では、それぞれのプロジェクトに「プロセッサ開発コード」の名称が付けられており、同じシリーズの「世代」を表わします。

たとえば、開発コード「Rocket Lake」は「第11世代」、「Alder Lake」は「第12世代」です。最新の「Core iシリーズ」の開発コードは「Raptor Lake」で、「第13世代」にあたります。

新世代CPUの開発では、CPUの仕様が前世代から大幅に変わる場合と、基本仕様を踏襲して一部分が変わる場合があります。

「第13世代」は「第12世代」の仕様を踏襲した改良版で、通常は1年かかるデザイン設計を、約半年という短期間で完了しました。

図1-3-1　第13世代のCore iシリーズ

ラインナップ

　「Raptor Lake-S」のCPUは、2022年10月下旬、6種類の製品がリリースされました。

　GPU機能を搭載したCPUは、型番の末尾が「K」です。GPU機能を搭載していない場合には、型番の末尾に「F」が加わり、「KF」と表記します。

　新たに発売されたのは、「Core i9」「Core i7」「Core i5」の3つのブランドです。

　価格は5万〜9万円台半ば。高性能の「Core i9」、バランスの取れた「Core i7」、コストパフォーマンスの「Core i5」といったラインアップで、GPU非搭載版はそれぞれ、約6〜8%安価になっています。

製造プロセス

　2021年3月に発売された第11世代の「Rocket Lake」は、「14nm++」プロセスで製造されました。「14nm++」の「++」は、14nmプロセスが改善されたことを表わしています。

　インテルは、競合メーカーのAMDよりも製造プロセスの微細化が遅れ

ていますが、製造プロセス技術を改善して、CPUの性能を向上させています。

　モバイル向けCPUの「Tiger Lake」は第11世代に分類されるアーキテクチャですが、10nmプロセスで製造されています。

　デスクトップ向けでは「Alder Lake」から10nmプロセスに移行しました。
　インテルは、「Tiger Lake」の製造プロセス技術を「10nm SuperFin」と名付けました。

　「Tiger Lake」は、「10nm SuperFin」を改善した「10nm Enhanced SuperFin」で製造。そして、「10nm Enhanced SuperFin」の名称は「Intel 7」に変更されました。

　「Raptor Lake」の製造プロセスも基本的には「Intel 7」ですが、インテルは従来のプロセスを改善したと述べています。
　ただ、「Intel 7」の名称はそのままのため、その改善内容は軽微なものと考えられます。

「Raptor Lake」の互換性

　「Raptor Lake」は「Alder Lake」を改良した仕様。対応ソケットは「LGA1700」なので、従来の600シリーズ・チップセット搭載のマザーボードでも「Raptor Lake」は動作するはずです。

　ただし、「Raptor Lake」版のCPUを購入する際には、必ずマザーボードの対応状況を確認してください。

　メインメモリはDDR4とDDR5に対応します。どちらのメモリを使う

かは、マザーボードの仕様に準拠します。

　インテルは「Raptor Lake」の発売に合わせて、マザーボードメーカーに「700シリーズ・チップセット」を提供。新CPUの発売と同時期に「INTEL Z790」チップセットを搭載したマザーボードが発売されています。
　Z790マザーボードのラインアップは充実しているので、各製品の仕様をじっくり比べてから購入してください。

図1-3-2　Z790を搭載したゲーミングマザーボード
ROG MAXIMUS Z790 HERO ／ ASUS

ハイブリッド・テクノロジー

　第12世代のCPUから導入された「ハイブリッド・テクノロジー」は、インテルの最新CPUの大きな特徴で、「Raptor Lake」にも同じ機能が搭載されています。

＊

　「ハイブリッド・テクノロジー」は、「パフォーマンス・コア (Pコア)」と「高効率コア (Eコア)」という2種類のコアを1つのダイに統合し、高速

処理と省電力を両立させます。

　高速な処理が必要な場合には「Pコア」が稼働し、処理の負荷が少ない場合には、「Eコア」を使って、必要最低限の電力で処理します。

コア数とスレッド数

　「ハイブリッド・テクノロジー」に対応したCPUでは、PコアはHT（ハイパースレッディング）に対応し、Eコアは対応していません。そのため、「Alder Lake」と「Raptor Lake」のスレッド数は、Pコア数の2倍とEコア数の合計になります。

　従来の「Alder Lake」の最大コア数は、Pコア8、Eコア8、合計16コアなので、最大24スレッドに対応します。「Raptor Lake」では、Pコア8、Eコア16、合計24コア、最大32スレッドに対応します。

　「Raptor Lake」では、コア数に加え、キャッシュも増強されています。

　そして、高負荷時には、Eコアも積極的に活用するような仕様に変更。

　インテルは、それらの総合的な仕様改善により、シングルスレッドで最大15％、マルチスレッドで最大41％の性能が向上したと発表しています。

HTTとは？

　HTT（ハイパースレッディング・テクノロジー）は、インテルが開発した、見掛け上のスレッド処理を2倍にする技術です。

　HT対応のコアでは、WindowsなどのOSは、1つのコアを2つとして認識して処理を進めます。

　コア1つあたりの処理速度が2倍になるわけではありませんが、命令の待ち時間が大幅に減り、効率的にCPUを稼働させることができます。

　HTによって、処理性能は15～30％向上します。

動作クロックとキャッシュ

「Raptor Lake」では、従来よりも最大クロックが高く設定されています。

　同じブランド名 (Core i9などの名称)では、「Alder Lake」よりコア数が増えているため、定格動作時でも性能は「Raptor Lake」のほうが優れています。

　「Raptor Lake」はキャッシュメモリが大幅に増え、L3キャッシュは20％の増量。L2キャッシュは2倍またはそれ以上に増量されています。

TDPは若干高め

　「Raptor Lake」のTDP (熱設計電力)は、定格駆動時には従来製品とほとんど変わりませんが、最大駆動時には若干消費電力が高めです。
　「Raptor Lake」のCPUは、多少消費電力が増えても、高性能を求めるようなユーザーに向いています。
　消費電力を抑えて、効率的に運用したい場合には、「Alder Lake」のCPUから選ぶことをお勧めします。

　「Alder Lake」では、定格時のTDPが35Wや65WのCPUを選べます。
　なお、「Alder Lake」の上位CPUでは、「Raptor Lake」との消費電力の差は少ないです。

GPU

　デスクトップ向けCPUの開発コードは、「Raptor Lake-S」と表記して区別されます。

　「Raptor Lake-S」に搭載される統合GPUには、「UHD 770」を搭載。GPUコアは従来モデルと同じですが、最大クロックが高く設定されてい

ます。

EU（Execution Unit, 実行ユニット）数は32、定格クロックは300MHzで、モデルによる差はありません。

最大クロックに若干の差がありますが、映像処理の性能差は少ないです。

表1-3　「Raptor Lake-S」の主な仕様（価格は2022年12月上旬の実売参考価格）

			Core i9		Core i7		Core i5	
		ブランド	Core i9		Core i7		Core i5	
		型番	13900K	13900KF	13700K	13700KF	13600K	13600KF
		Pコア	8		8		6	
		Eコア	16		8		8	
		スレッド	32		24		20	
	動作クロック（GHz）	定格	P:3.0 E:2.2		P:3.4 E:2.5		P:3.5 E:2.6	
		最大	P:5.8 E:4.3		P:5.4 E:4.2		P:5.1 E3.9	
GPU		型番	UHD 770	なし	UHD 770	なし	UHD 770	なし
		EU	32		32		32	
	動作クロック（MHz）	定格	300		300		300	
		最大	1650		1600		1550	
	キャッシュ（MB）	L3	36		30		24	
		L2	32		24		20	
	TDP（W）	定格	125		125		125	
		最大	253		253		181	
		価格	94500	88500	65800	61800	51800	47380

高速シリアルインターフェイス「USB Type-C」

～「USB4 Ver.2.0」の発表からみる USB 規格の動向～

多くの周辺機器を一手に引き受ける「USB Type-C」は、「USB 3.2 Gen2x2」をサポートしています。また、USB規格として、最大データ転送速度「80Gbps」の「USB4 Ver.2.0」も発表されています。

■ 英斗恋

USB規格の最新動向

「Thunderbolt」を超える最大データ転送速度のUSB規格の新版が注目されています。

■ USB4 Version 2.0

本年10月18日、USBの規格制定団体USB Implementers Forum（USB-IF）が、「USB4 Version 2.0」をリリース。

従来の「USB 2.0」「3.2」「USB4 Version 1.0」「Thunderbolt 3」との互換性を維持しつつ、専用ケーブル使用時に従来の2倍の最大「80Gbps」のデータ転送を実現しました。

表1-4　USB規格と転送速度

規　格	最大転送速度
USB 2.0/3.2:Gen1	5Gbps
USB 3.1:Gen2	10Gbps
USB 3.2:Gen2×2	20Gbps
USB4 Version 1.0:Gen3×2（デュアル・レーン）	40Gbps
USB4 Version 2.0	80Gbps
Thunderbolt 3/4	40Gbps

　また、先行する「Thunderbolt 4」が実現していた「PCI Express」のデータ転送（トンネリング）に対応、これからの普及が期待されます。

【プレスリリース】
USB-IF、80Gbpsのパフォーマンスを実現する新USB4仕様の出版をアナウンス（英語）
https://www.usb.org/sites/default/files/2022-10/USB-IF%20
USB%2080Gbps%20Announcement_FINAL.pdf

■ Thunderbolt 4

　一方、Intel・Apple共同開発の「Thunderbolt 4」は、高速データ転送で先行しています。

　Thunderboltの「最大」データ転送速度は、「Thunderbolt 3」から「40Gbps」です。

　また、「最低」転送速度・供給電力を比較すると、「USB4 Version 1.0」の「10Gbps」「7.5W」に対し、「Thunderbolt 4」は「32Gbps」「15W」です。

　Thunderboltでは、早くから4Kディスプレイ×2・8Kディスプレイの接続を必須*とし、実使用上の分かりやすさに配慮しています。

＊USBに最低解像度の規定はありません。
Intel：What Is Thunderbolt 4?（英語）
https://www.intel.com/content/www/us/en/gaming/resources/
upgrade-gaming-accessories-thunderbolt-4.html

USBとThunderbolt

現在では、「USB」、「Thunderbolt」ともに、USB-Cコネクタを採用し、混同しやすくなっています。

■ USBの規格作業グループ

USBの仕様策定は、USB-IF内の作業グループ「USB Promoters Group」で行なわれており、メンバーは、「Apple」「HP」「Intel」「Microsoft」「ルネサス」「STMicroelectronics」の6社です。

Thunderboltを規格化している「Apple」「Intel」両社が入り、「USB」「Thunderbolt」の相互運用性に配慮した改版が行なわれています。

■ Type-C端子への一本化

「USB4」から端子を「Type-C」のみとし、従来の「Type-A」端子から「Type-C」に変換した場合、「USB 3.2」相当として動作します。

「USB4」では伝送路を2つもつ「デュアル・レーン」(dual lane)を定義、対応機器をデュアル・レーン用ケーブルで接続した場合、2倍の実効速度を実現します。

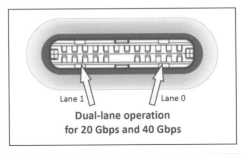

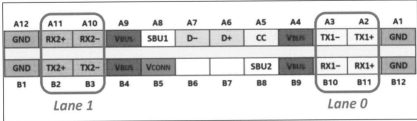

図1-4-1、図1-4-2　デュアル・レーンのピン配置（上図、下図）（USB-IF 資料より）

■ USBコネクタのピン配置

　ここでUSBの信号方式を簡単に確認します。

　USBでは通信高速化のため、「差動信号」（2本の信号線の差分から「1」「0」を判断して共通ノイズを打ち消す）方式を採用、信号線は「＋」と「-」の組になっています。

　「USB」は「Tx」「Rx」を組とする全二重双方向通信ですが、「USB4」では「TX/RX1」「TX/RX2」の2レーンが定義されていることが分かります。

■ Thunderbolt

　「Thunderbolt」は、もともと「mini DisplayPort」の後継として規格化され、コネクタも「mini DisplayPort」でしたが、「Thunderbolt 3」からは「USB-C」に変更したため、コネクタからはUSBと区別がつきません。

　コネクタ形状ともに、「Thunderbolt 3」「4」は、「USB-C」規格にも準拠し、「Thunderbolt」コネクタにUSB機器も接続できるようにしています。

表1-5　Thunderbolt(TBT)3／4、USB4の仕様比較

Host Min. Requirements	TBT3	TBT4	USB4
Speed (Gbps)	10.3125G/20.625G	10.3125G/20.625G 10.0G/20.0G	10.0G 20.0G (Optional)
USB4 Support	No	Yes	Yes
USB3 Support	10Gb/s	10Gb/s	10Gb/s
USB3 Support	Yes	Yes	Yes
DP/DP Tunnel	DP1.2 (HBR2)/ 1 display	DP1.4a (HBR3)/ 2 displays	DP1.4a / 1 display
PCIe Tunnel	PCIe Gen3 x2	PCIe Gen3 x4	Optional
USB3 Tunnel	No	10Gb/s	10Gb/s
TBT3 Compatibility	Yes	Yes	Optional
VBus Power (out)	15W (5V@3A)	15W (5V@3A)	7.5W (5V@1.5A)
Vconn/power	4.75V/1.5W	4.25V/1.5W	3.0V/1.5W
Hub Topology support	No	Yes	Yes
Device Wake (LAN, USB)	Optional	Yes	Optional
USB4 Specification	Compatible	Compliant	Compliant

※「Thunderbolt 4」は、「USB 4」でオプションの多くの機能を必須としていることが分かる。
「Thunderbolt」は「USB4」の機能の多くを必須としていることが分かる。
（米認証機関グラナイトリバーラボ、https://www.graniteriverlabs.com/ja-jp/
thunderbolt-standards-service）

認証プログラムと適合マーク

　「USB4」「Thunderbolt」ともに通信速度他、仕様に幅があるため、PC・周辺機器・ケーブル購入時に購入者が対応速度や版を確認できるロゴが導入されています。

■ USB

　USB-IFでは最大通信速度を表記する認証ロゴを用意。今後は最大通信速度を確認して分かりやすく周辺機器・ケーブルを選択できます。

図1-4-3　USB Performance Logo
（https://www.enablingusb.org/usb-performance）

■ Thunderbolt

Thunderboltのロゴは版の記載です。

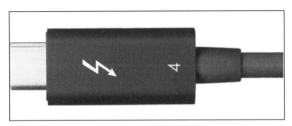

図1-4-4　「Thunderbolt 4」ケーブルのロゴ（Micro Solution製）

CPUの対応

CPUと周辺IC（コントローラ）が組になっている近年では、CPUの世代から対応する「USB」「Thunderbolt」の版が決まります。

■ Intel

第11世代CPUコア「Tiger Lake」で、「Thunderbolt 4」「USB4」に対応、現行モバイルPCの多くが「Thunderbolt 4」「USB4」コネクタを備えています。

■ AMD

本年6月に「Zen 3+」コアの「Ryzen 6000」用チップセット・ドライバが「USB4」に対応、「Zen 4」も「USB4」に対応します。

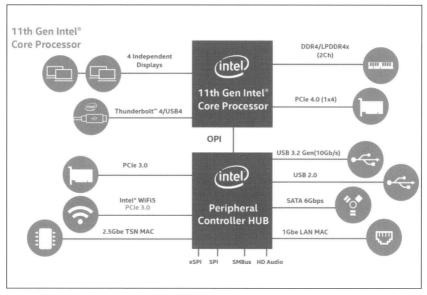

図1-4-5 「Tiger Lake」のI/F
「Thunderbolt 4」「USB4」に対応していることが分かる（Intel資料）

新世代拡張スロット「PCIe 5.0」

～グラフィックやストレージを超高速に！～

「Socket AM5」で採用された、新世代拡張スロット「PCIe 5.0」の特徴を解説します。

■勝田有一朗

「PCIe 5.0」に対応した「Socket AM5」

■ グラフィックスやストレージを大幅強化

AMDの前世代プラットフォーム「Socket AM4」は、約6年間も現役を続けた長寿プラットフォームでした。

それを受け継ぐ最新プラットフォーム「Socket AM5」も、次世代を力強く歩むべく大幅な強化が施されています。

その中でも注目すべき点のひとつが「PCI Express 5.0」（以下、PCIe 5.0）への対応です。

拡張性能の要となる「PCIe」が進化したことによって、グラフィックスやストレージの性能をより一層高められるようになりました。

「PCIe 5.0」のスペック

■ 世代とレーンでスペックを読む

「PCIe」のスペックを読み解く上で重要なのが「世代」と「レーン数」です。

まず「PCIe」は、次のような形で表記されます。

```
PCIe 5.0 x16
```

このうち「5.0」は世代を表わします。

　「Gen5」と記載されることもあります。これは数字をそのままに「第5世代」という意味になります。

　世代ごとの差は主に転送速度に見られ、世代が1つ上がるごとに転送速度が2倍になると考えていいでしょう。

＊

　次に「x16」はレーン数を表わします。

　「PCIe」はシリアル転送を行ないますが、そのシリアル転送の送受信ワンセットの信号線を「1レーン」という最小単位にしています。

　「x16」とは「16レーン分」まとめてデータ転送を行なうことを表わします。

　「x1/x2/x4/x8/x16」といったレーン数が一般に用いられます。

　CPUやチップセットが全部で何レーンぶんの「PCIe」をもっているかによってプラットフォームの拡張性がだいたい決まるため、スペックを見る上でレーン数はとても重要です。

＊

　なお、「PCIe」は世代ごとの前方/後方互換性をしっかり確保しているのも特徴的です。

　まず、拡張スロットの形状自体が「PCIe 1.1」の頃から変わっていません。

　そして、たとえば、拡張スロットが「PCIe 3.0」対応の古いマザーボードに「PCIe 5.0」対応の最新拡張カードを挿した場合でも大丈夫。

　転送速度などの性能部分は「PCIe 3.0」相当になるためパフォーマンスは落ちると思いますが、動作自体に問題はないはずです。

※ただ、転送速度自体が重要な拡張カードの場合は、その限りではないので、注意してください。

逆の、「PCIe 5.0」対応の拡張スロットに「PCIe 3.0」の拡張カードの組み合わせも、もちろん問題ありません。

■ 歴代「PCIe」の比較

「PCIe」は世代ごとに転送速度が倍にアップし、同世代の中でも拡張カードで必要な転送速度に応じて「x1〜 x16」のレーン数を使い分けている格好です。

これまでの歴代「PCIe」の転送速度を（**表1-6**）にまとめました。

表1-6　「PCIe」の世代別転送速度表

	転送速度実効値（一方向/双方向）[GB/s]				
	x1	x2	x4	x8	x16
PCIe 1.1	0.25/0.5	0.5/1.0	1.0/2.0	2.0/4.0	4.0/8.0
PCIe 2.0	0.5/1.0	1.0/2.0	2.0/4.0	4.0/8.0	8.0/16.0
PCIe 3.0	0.984/1.969	1.969/3.938	3.938/7.877	7.877/15.75	15.75/31.51
PCIe 4.0	1.969/3.938	3.938/7.877	7.877/15.75	15.75/31.51	31.51/63.02
PCIe 5.0	3.938/7.877	7.877/15.75	15.75/31.51	31.51/63.02	63.02/126.0

表1-6を見ると、各レーンごとに世代が上がるたび、「転送速度」がほぼ倍に増えていることを確認できます。

中でも注目すべき重要なレーン数は「x4」と「x16」。

「x4」はストレージを増設する「M.2スロット」、「x16」はビデオカードを増設する「PCIe x16スロット」で使われることになるので、ここの転送速度はPCの性能を大きく左右する数値と言えます。

■「PCIe 5.0」では「M.2 NVMe SSD」へ注目！

「PCIe 4.0」から2倍になった転送速度ですが、それを一番実感しやすいのはストレージでしょう。

　特に「M.2 NVMe SSD」は性能アピールとしてリード/ライト性能を前面に押し出すので、「PCIe 5.0」で速くなったことを数字で、すぐに実感できます。

　「PCIe 5.0 x4」の転送速度は「15.75GB/s」と「10GB/s」の大台を超えたので、とても分かりやすい数値として「10GB/s超え」をアピールする「M.2 NVMe SSD」は今後続々出てくると思われます。

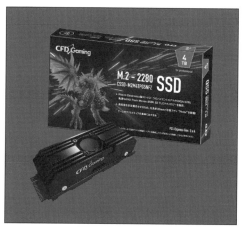

図1-5-1　「PG5NFZシリーズ」(CFD販売)
「PCIe 5.0」対応でリード性能「10GB/s」の大台に乗った「M.2 NVMe SSD」。

「Socket AM5」の「PCIe 5.0」仕様をチェック

■ CPUから最大24レーンの「PCIe 5.0」

　「Socket AM5」の「PCIe 5.0」はCPU内蔵のコントローラーから引き出されます。レーン数は最大「24レーン」で、その構成は次のとおり。

●1x PCIe 5.0 x16　または　2x PCIe 5.0 x8
……グラフィックス用

●1x PCIe 5.0 x4
……M.2 NVMe ストレージ用

●4x PCIe GPP (General Purpose Port)
……汎用PCIeポート。「PCIe 5.0」または「PCIe4.0」として使用可能

　以上で合計「24レーン」となります。

　なお、この他にチップセットダウンリンク用として、「PCIe 4.0 x4」も備わっています。

＊

　「PCIe GPP」については、「PCIe 4.0」とするか「PCIe 5.0」とするかはマザーボード側次第となっており、ハイエンドマザーボードの中には「PCIe 5.0 x16」スロットを3つ用意し、「x16/x0/x4」もしくは「x8/x8/x4」という組み合わせで、すべて「PCIe 5.0」動作で利用できるものも登場しています。

＊

　「Socket AM4」では、CPUからの「PCIe 4.0」がチップセットダウンリンク用を除いて最大「20レーン」だったので、増えた「4レーン分」で拡張スロット組み合わせの自由度なども上がっているようです。

図1-5-2　「MEG X670E ACE」(MSI)
3つの拡張スロットすべてが「PCIe 5.0」動作可能なマザーボード。

チップセットごとの差に注意

■ チップセットでマザーボード上の「PCIe 5.0」の数が変わる

「Socket AM5」プラットフォームでは、CPUから最大「24レーン分」の「PCIe 5.0」を引き出せますが、マザーボード側チップセットのグレードによって、実装される「PCIe 5.0」の数が変わります。

「AMD 600シリーズチップセット」の「PCIe」周りの仕様を（**表1-7**）にまとめています。

表1-7 チップセットによる「PCIe」の違い

	X670E	X670	B650E	B650
グラフィックス用	1x16 or 2x8 PCIe 5.0	1x16 or 2x8 PCIe 4.0	1x16 or 2x8 PCIe 5.0	1x16 or 2x8 PCIe 4.0
M.2 NVMe用	1x4 PCIe 5.0	1x4 PCIe 5.0	1x4 PCIe 5.0	1x4 PCIe 4.0 （5.0はオプション）
汎用	4x PCIe GPP	4x PCIe GPP	4x PCIe GPP	-
PCIe 5.0 合計レーン数	20	4	20	0
利用可能なPCIe 合計レーン数	44	44	36	36

「Extreme」の冠をもつ「X670E」と「B650E」は「PCIe 5.0」への対応もバッチリですが、「X670」では「PCIe 5.0」に対応するのが「M.2 NVMe」のみで、グラフィックスは「PCIe 4.0」動作になっています。

「B650」に至っては「M.2 NVMe」も「PCIe 5.0」はオプション扱いとなっていて、必須「PCIe 5.0」レーン数はゼロとなっています。

＊

最新の「Socket AM5」プラットフォームとはいえ、チップセットによっては「PCIe 5.0」のパフォーマンスを得られないので、注意が必要です。

今、「PCIe 5.0」対応の周辺機器といえば「M.2 NVMe SSD」くらいですが、AMDの次世代GPU「Radeon RX 7000シリーズ」が「PCIe 5.0」対応

なのではとの話も聞きます。

＊

　NVIDIAの「GeForce RTX 4000シリーズ」が「PCIe 5.0」非対応だったのは少し残念でしたが、対応ビデオカードが出ることで、いよいよ「PCIe 5.0」も本格始動といった感じがします。

　今後の動向に注目です。

第2章

ネットワークの普及と完全ワイヤレス化

　PCを取り巻く環境は、インターネットの普及を境に大きく変化しました。PCだけではありません。インターネットは、社会や日常のあり方も、大きく変えるきっかけになっています。

　そんなインターネットが生まれてから今日までの変遷。そして、技術の進歩によって次々にワイヤレス化していくネットワークの現状を見ていきます。

IT業界を激変させた「インターネット」

～進化するネットワークが産み出したもの～

「インターネット」によって実現した「オンライン空間」は、今でこそ「第二の現実」とまで言われるほど、私たちの暮らしや人生に途方もなく大きな影響を及ぼしています。

しかし、その歴史は、まだわずか30年ほどにすぎません。

■瀧本往人

「リアルタイム双方向ネットワーク」登場の衝撃

　長い間、双方向での情報のやり取りと言えば、手紙や葉書など、文書を中心とした郵便（のネットワーク）が中心でした。

　ただし「双方向」と言っても、郵便は送ってから届くまでに一定時間を要し、リアルタイムのやり取りはできません。

　電話（の回線システム）が実用化されたことによって、リアルタイムで1対1の双方向の音声のリモートのやり取りが可能になりました。

＊

　したがって、インターネットが登場するまでは、情報のネットワークと言えば、唯一、「固定電話」と「その回線」があるだけでした。

　もちろん、インターネットにしても、今の姿になるまでには、それなりの変遷があり、さまざまなコンテンツを自由自在にやり取りできるようになったのは、ごく最近のことです。

■ インターネットの起源

　インターネットの歴史については、1967年に米国の国防総省が各大学・研究機関を網の目につなげて情報のやり取りをするために開発した「パケットベース」の通信システム、「ARPAnet」に起源がある、というのが

通説となっています。

＊

　1969年から実際の運用がはじまりますが、日本国内における同様の
ネットワークの稼働は、かなり遅れて1980年代になってからです。

　当初は、ごく一部の人たちが特定の目的で利用しており、非営利目的で
運用されていました。

　その後、次第に接続数などが膨らんでゆき、1992年に国内最初の商用プ
ロバイダ「IIJ」が生まれ、1993年からは実際のサービスが始まります。

＊

　したがって、昭和から平成へと年号が変わった後、1990年代にインター
ネット時代がはじまりを告げた、と言ってよいでしょう。

　なお、まだ1980年代前半には「モデム」はなく、ダイヤル回線の電話の
受話器を取り付けて音声で通信を行なう、「音響カプラ」が用いられてい
ました。

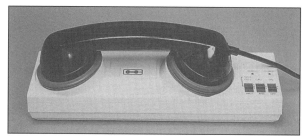

図2-1-1　モデムが登場する前に活躍した「音響カプラ」

■ 昭和から平成へ

　今から30年よりも前の時代、暮らしの娯楽の中心は何と言っても「テ
レビ」でした。

　通信は「ポケットベル」(略称：ポケベル)も使われていましたが、「固定
電話」が主であり、仕事での文書のやり取りにはファックスが最大の武器、

という様相です。

　音楽や動画は、「テレビ」以外では、「CD」や「VHSビデオ」をレンタルして楽しんでいました。

＊

　このような暮らしの中で、電話回線を分岐させてモデムにつなぎ、パソコンによって外部と通信を行なう「パソコン通信」(略称：「パソ通」)がはじまります。

＊

　当時は「電子会議室」(フォーラム)に人気が集まり、「電脳」時代の幕開けとなりました。

　ほか、電子メールの利用に加えて、掲示板やニュース、データベースへのアクセスなどがメニューにありましたが、すべて、自分が加入している「Nifty-Serve」や「PC-VAN」、「Telestar」、「アスキーネット」といった契約通信事業者のホストコンピュータにアクセスするというやり方でした。

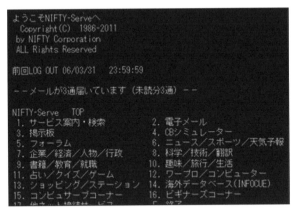

図2-1-2　パソコン通信 (Nifty-Serve)の入口画面

＊

　そもそも、この頃のコンピュータは、今のようなWindows一択ではなく、各メーカーがOSその他の規格をもち、競い合っていた時代であり、それぞれのホストコンピュータのもとにそのユーザーが集まる、という構図になっていました。

*

1995年に「Windows95」が発売となり、それまで「Mac」が先行していたGUIインターフェイスが搭載され、通信プロトコル「TCP/IP」やブラウザも備えていたことから、電話回線を使った接続が容易にできるようになりました。

このことから、狭い意味では、1995年をインターネット時代の始まりとする場合もあります。

*

ただし、常時接続などお金がかかりすぎるため、必要なだけ使い、使い終わったらすぐに切断する、という使い方をしていました。

しかも、電話がかかってくると、ネット回線が切れてしまうというお粗末なところがありました。

■ インターネット利用の開始

このようにもともとは個々のネットワークを形成していた「パソ通」ですが、相互の接続を目指し、次第に「WWW」に集結していきます。

「パソ通」は1996年が使用のピークで、その後はインターネット中心の時代に移行します。

接続方法としてダイヤルアップPPPが登場し、「TCP/IP」にインターネットへの接続のための約束事がとりまとめられ、ブラウザを介して容易にインターネットにアクセスできるようになります。

とは言っても、このころは自分でHTMLを覚えてサーバの所定の場所に手作業でデータをアップロードせねばならず、誰でも簡単に情報発信ができたわけではありません。

*

しかも、「ホームページ」には容量制限があり、大半はテキストが中心で、1993年に米NCSAがブラウザ「MOSAIC」を公開し、ようやく画像の表示が可能になりました。

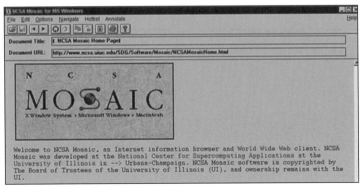

図2-1-3　初期ブラウザの代表「MOSAIC」

　ハイパーテキストをサーバから転送し、自分のブラウザに表示させるための通信上の取り決めである「HTTP」(ハイパーテキスト・トランスファープロトコル)のバージョン1.0が登場したのも1996年です。

　また、情報のやり取りをする場としては、開設が手軽だった「BBS (掲示板)」が人気となり、1999年には「2ちゃんねる」が生まれます。

　さらに、検索サービスも活況を呈し、最終的には「Google」が一人勝ちしますが、当時は「Infoseek」や「Lycos」「AltaVista」など、数10種類の検索エンジンが乱立していました。

＊

　ネット上のコンテンツが次々と増える中、検索エンジンのフォローが追いつかず、むしろ、個人サイトによる、特定のテーマでつくられ随時更新されるリンク集のほうが重宝されていました。

　また、このころに重要な役割を果たしたのはパソコン誌で、新バージョンのブラウザの無料配布はもちろんのこと、インターネット関連の情報の大半はパソコン誌から得ていました。

＊

　当時の回線の速度は、今から見ると驚くほど牧歌的で、「イッチョン

チョン」(14400bps)から「ニーパッパ」(28800bps)に上がっただけで、大騒ぎしていました。

　また、当初は接続時間に応じた課金しかなく、1カ月の通信料金は今よりも高額になることもありました。

＊

　定額制が当たり前になるのは21世紀に入ってからのことで、1996年になってようやく「テレホーダイ」が深夜から早朝（23〜8時）までの月定額サービスがはじまりました。

　ところが逆に、この時間帯にアクセスが集中し、なかなかつながらなくなっていました。

　ほか、同年には、HTMLを自分で書かなくてもするソフトウェア「ホームページビルダー」も発売されました。

＊

　「ADSL」が登場したのは1999年になってからで、ようやく「電話回線」と「ネット回線」が同時に利用できるようになり、インターネット接続環境が安定しはじめます。

　このように、1990年代後半に、インターネットが普及するうえで重要な転機がありました。

■ インターネットの躍進

　21世紀に入ってからは、各社は「通信料金」と「通信速度」を競いはじめたことから、低価格化、高速化に拍車がかかりました。

　「ADSL」に続いて「光ファイバ」(FTTH)が次第に一般化していき、ついに常時接続、定額料金が当たり前になり、高画質の動画の再生も楽になり、現在の姿に近づきます。

　ウェブのコンテンツも増え、検索すれば豊富な情報が得られ、音楽も動画もオンラインで楽しむのが当たり前となりました。

＊

　2000年代前半より、ラジオやテレビ、新聞、雑誌、書籍といった旧メディアのコンテンツがインターネットに集まります。

　その一方で、そうした一方向的なマスコミュニケーションではなく、「SNS」や「ブログ」といった、双方向性を前提とした情報共有が盛んになります。

　誰でも気軽に参加できるSNSに、テンプレートを使って簡単にホームページによる情報発信ができるブログの記事のリンクを貼って集客を期待するなど、両者は共栄共存の関係にありました。

＊

　2003年に「ココログ」が、2004年に「mixi」「アメブロ」が、2006年に「ニコ動」が、2007年に「YouTube」（日本語版）が運用開始しています。

　リアルタイムでのコミュニケーションは、今や一対一だけでなく、多対多が可能となります

スマホの時代

　さらに大きな変化は、2007年に「iPhone」が登場し、「スマートフォン」が普及したことです。

　携帯電話は、第一世代（1987年〜）はそのまま固定電話と同じように交換機によるネットワークにアナログデータを流すことからはじまりました。

　「2G」（1993年〜）でデジタル化され、インターネットも使えるようになり、「3G」（2001年〜）で通信速度が上がりますが、まだ電話回線も使っていました。

＊

　完全IPネットワーク化されたのは、3.9世代の「LTE」(2010年～)からで、同年、国内で初めてモバイル端末からのインターネット利用者数がパソコンからの接続者数を超えました。

　結果として、パソコンの世界ではMicrosoftが覇者となる一方で、スマホにおいては、「Google」と「Apple」の二大陣営が出来上がります。

＊

　それまでの「ケータイ」でもインターネットへのアクセスはできましたが、あくまでも「通話」機能がメインでした。

　しかし「スマホ」は、「twitter」や「Instagram」、「Tik Tok」といった「SNS」(ソーシャルゲームや動画サイト等も含む)を中心とした、「通話」よりもインターネットを使った「交信」の比重が上がります。

　たとえば「LINE」の普及も2011年からです。
　「いいね」や「シェア」「ツイート」「既読」といった形でも、交信が成立することに大きな意味がありました。

　これは、メールがそうであるように、当初はリアルタイムでのやり取りを前提しない通信に比重が置かれていたのに対して、今では、場所を問わず即時対応することのほうが、頻繁に使われていると言えます。

　したがって、2010年代に入って、ようやく、今のインターネットと同じような姿が現われたと言えるでしょう。

■ ポストトゥルースという課題

　しかし、何時でもどこでも誰でも情報を共有・発信できるようになった現在、良いことばかりではなく、深刻な問題をも引き起こしています。

＊

　かつて情報の真偽は、マスメディアによってある程度保証されていましたが、今ではすでに権威は失墜してしまっています。

　むしろ、フェイクニュースなど、多くの人が共感し支持していれば、それが「正しい」とされ、社会を動かす力になっています。

　それを象徴するのが、2021年1月に起こった米国議会議事堂襲撃事件です。

　トランプ米国前大統領はtwitterの最大のフォロワーを誇っていましたが、この事件の後、直ちに永久停止されました。

Donald J. Trump
5.9万 件のツイート

Donald J. Trump
@realDonaldTrump

45th President of the United States of America
自己紹介を翻訳

Washington, DC　Vote.DonaldJTrump.com
2009年3月からTwitterを利用しています

49 フォロー中　8,777.1万 フォロワー

図2-1-4　トランプのtwitterアカウント復活（2022年11月）

　こうした事態は、ルネ・デカルトがあらゆることを疑った末に見出した「我思う、故に我在り」という近代社会を支えてきた信念をも揺さぶっており、新たな時代の幕開けに立ち会っている一方で、非常に不安な時代を生きていると言えるでしょう。

■ モノのインターネット

　人間を主体としたインターネット利用の歴史は以上で現在にまで至りますが、2020年に入って、もう一つ、大きな出来事があります。

　それは「モノのインターネット」の登場です。

　人間ではなくセンサ機器が通信を行なう「モノのインターネット」すな

わち「IoT」の利用が拡がりはじめています。

　通信方式としても、携帯電話のネットワーク、Wi-Fiのネットワークに加えて、低消費電力で広い範囲をカバーできる「LPWA」のネットワークが、スマートメーターや災害対策などで活躍しています。

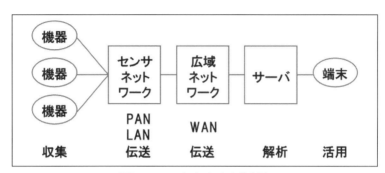

図2-1-5　IoTネットワークの基本図

　……こうして振り返ってみると、インターネットは、何と言っても、データをブロック化して順次運ぶパケット交換により回線が分有できるようになったことからはじまった、と言えそうです。

＊

　電話回線は交換機を用いていたことから、通信を開始すると両者をつなぐ経路すべてを占有してしまっていました。

　実は、今でもまだ固定電話では従来型の交換機利用ネットワークが運用されているのですが、2025年には、ついに。すべてIPネットワークに切り替えられるようです。

　このように、わずか30年ほどでインターネットは、私たち人間のみならず、センサなどのモノにとっても、情報通信のあり方を根底から変えるに至り、同時に、空前の課題を突き付けてもいる、と言えるのはないでしょうか。

ゲーミング PC を完全ワイヤレスに

～電波法一部改正による「6GHz 帯」の実装開始！～

ようやく日本でも、「Wi-Fi6E」対応機器が登場しはじめました。
これでゲーミングマシンの "完全ワイヤレス化" の途が開か
れた、と言えるでしょう。

■ 瀧本往人

「Wi-Fi6E」対応機器の登場

　総務省が2022年9月に公布した「電波法施行規則等の一部を改正する省令」によって、無線ネットワーク規格である「Wi-Fi6E」の製品実装が、ついに日本でも可能になりました。

＊

　これまでの「Wi-Fi」の各規格では、電波のやりとりが「2.4GHz」と「5GHz」の2つの周波数帯域に限られていましたが、「Wi-Fi6E」は、さらに「6GHz」帯が使えるようになります。

　3つの周波数帯域が使えることから、無線ネットワーク環境に、これまでにない劇的な変化が起ころうとしています。

　実際のところ、公布のわずか数日後には、すでに開発を終えていた「Wi-Fi6E」対応ルータ2製品がNECより発売されました。

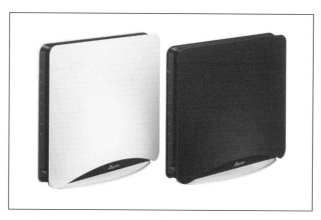

図2-2-1　PA-WX11000T12（左）とPA-WX7800T8（右）

「PA-WX11000T12」は、3つの周波数帯域それぞれに4本ずつ計12本のアンテナを使っており、「PA-WX7800T8」は、「2.4GHz」と「6GHz」が2本、「5GHz」が4本で計8本のアンテナを使っています。

■ AM5がもたらすもの

マザーボードのソケットでも、「Wi-Fi6E」に対応する「AMD ソケットAM5」が登場しました。

最新のCPU「Ryzen 7000」シリーズでは、これまでの「ソケット AM4」に代わって、「ソケット AM5」が新たに採用されたのです。

図2-2-2　AMD ソケットAM5

　マザーボードのうち、CPUを装着する「ソケット」はCPUメーカやシリーズで形状（タイプ）が異なっています。

　新たに登場した「AM5」は、そのタイプの一つですが、これまで用いられてきた「AM4」とは大きく異なっており、無線環境でゲームを行なうことを前面に押し出しています。

＊

　今まで、なかなかPCゲーミングのワイヤレス化が進まなかった理由は、これまでの「Wi-Fi」（無線LAN）では、3Dや精密で動きのある描画処理に対応できず、フリーズしたり遅延したりするなどしてゲームを充分に楽しめないのではないか、という不安があったからです。

　「AM5」は、電力ネイティブ供給が最大170W可能であることをはじめ、いくつかの新機能がありますが、その中でも「Wi-Fi6E」への対応は、これからのゲーミングマシンのあり方を明確に示しており、今後は完全ワイヤレス化を射程に入れていることは間違いないでしょう。

「Wi-Fi6E」とは

ところで「Wi-Fi6E」とは、いったいどういうものなのでしょうか。

＊

　そもそも「Wi-Fi6E」は略称であり、正式名称は「IEEE 802.11ax」と言います。

　「IEEE」（アイトリプルイー）は、有線無線問わず、さまざまな通信技術の規格化を行なっている団体「米電気電子学会」の略称です。

　「802」はその中で「LAN」技術に関わるワーキンググループで、「IEEE 802.3」ならば「イーサネット」（有線LAN）の策定を行なっています。

　「IEEE802.11」は、「Wi-Fi」を策定するワーキンググループを意味します。

■ Wi-Fi進化のプロセス

　「Wi-Fi」の規格化は1997年に遡り、最古の規格は「IEEE802.11」で、その後、改良が重ねられ、規格化される度に「11a」「11b」「11g」「11n」…といったように「IEEE802.11」の後にアルファベットが付けられてきました。

表2-1　IEEE802.11の規格の変遷

IEEE802.	略称	年	帯域(GHz)	速度
11		1997	2.4	2Mbps
11a		1999	5	54Mbps
11b		1999	2.4	11Mbps
11g		2003	2.4	54Mbps
11n	Wi-Fi4	2009	2.4　5	600Mbps
11ac	Wi-Fi5	2014	5	6.9Gbps
11ax	Wi-Fi6	2019	2.4　5	9.6Hbps
	Wi-Fi6E	20220	2.4　5　6	9.6Gbps

＊

　通信速度の向上は著しく、当初は1秒あたり数10メガビット程度にすぎなかったのが、昨今では「ギガビット」レベルにまで到達（理論値においてではありますが）しています。

＊

　また、通信で用いる周波数帯域にしても、当初は「2.4GHz帯」と「5GHz帯」の片方しか使えなかったのが、両方とも使えるようになり、さらに「Wi-Fi6E」では新たに「6GHz」が利用可能になりました。

＊

　その他、「変調方式」や「アンテナ技術」も改良が重ねられ、2019年に規格化された「11ax」が公開された際に、一般名称として「Wi-Fi6」と表記されるようになりました。

＊

　それに伴い、前のバージョンである「11n」「11ac」についても「Wi-Fi4」「Wi-Fi5」とそれぞれ略称が付けられました。

　2020年に策定された「Wi-Fi6E」は「Wi-Fi6」と同様に「11ax」であり、基本は変わらないのですが、「Extended」の略である「E」が付けられていることからわかるように、「Wi-Fi6」の「拡張版」となっています。

　これまで「拡張版」というものがなかったにもかかわらず、今回初めて「E」を付したのは、新たに「6GHz帯」を使用するという、「Wi-Fi」史上前例のない大きな変化があったためです。

＊

　すでに他国では、2021年のうちに対応製品が登場していました。

　しかし、国内では、これまでこの帯域を使用してきた衛星通信や電波天文観測、放送事業との調整などで手間取り、2022年4月になってようやく情報通信審議会より総務省に「6GHz帯無線LANの導入のための技術的条件」の一部答申があったことから、総務省が法整備に入り、9月に改正法が公布とともに施行されるに至りました。

■ 6GHｚ帯採用のメリット

　「Wi-Fi6E」は、「2.4GHz帯」「5GHz帯」「6GHz帯」の3つの周波数帯すべてを同時に使えるため、通信速度が上がり、遅延が起こりにくい、と言われています。

　しかし、スペック表を見ると、通信速度の「最大」は「Wi-Fi6」も「Wi-Fi6E」も「9.6Gbps」とまったく同じです。

　それでも「Wi-Fi6E」の通信速度が向上していると言えるのは、「最大」の数値があくまでも理想値にすぎず、実際には複数機器の使用や電波干渉によりそこまで達することがないからです。

　また、帯域が新たに1つ増えたことに加えて、「チャンネル数」と「チャンネルの帯域幅」のとり方が大きく変わったことから、よりこの理想値に近い通信速度が実現できるようになっています。

＊

　テレビの場合、局ごとに「チャンネル」がありますが、「Wi-Fi」にも「チャンネル」があり、使える帯域を更に区画化しています。

　そうすることによってそれぞれの電波の送受信の干渉を抑制することができます。

　ところが「2.4GHz帯」は電子レンジをはじめさまざまな機器で用いられていることから、そうしたチャンネルの設定による対応をしていたとしても、干渉のおそれが解消できていませんでした。

　一方「5GHz帯」は、「2.4GHz帯」と比べると干渉する機会は少ないのですが、それでもレーダー装置との干渉があることが知られています。

　それに対して「6GHz帯」は、こうした他の機器との干渉がまったくないとされています。

　しかも「6GHz帯」でとれるチャンネル数が多いことも、安定した通信の実現に寄与しています。

＊

　「Wi-Fi6」と「WiFi6E」で使えるチャンネル幅は「20MHz」「40MHz」「80MHz」「160MHz」の4種類ありますが、最も狭い「20MHz」でチャンネルを分けると、「Wi-Fi6」の場合は「24」ですが、「Wi-Fi6E」であれば倍の「48」となります。

表2-2　20MHz幅のチャンネル数

	Wi-Fi6	Wi-Fi6E
2.4GHz帯	4	4
5GHz帯	20	20
6GHz帯	—	24
計	24	48

　さらに、チャンネルに割り当てる帯域幅を最大の「160MHz」にすると、どうなるでしょうか。

＊

　まず「2.4GHz帯」は2,412〜2,484MHzと非常に狭く、1チャンネルぶんを確保したとしても、最大幅まで使うことができず、そのぶんデータの送受信量は下がります。

　一方「5GHz帯」は5,150〜5,725MHzと、かなり広いのですが、他の用途でも用いられていることから、とれるのは2チャンネルぶんです。

　そして、「6GHz帯」は5,925〜6,425MHzで、ここから3チャンネルぶんとることができます。
（規格の仕様上は6,425〜7,125MHzも含まれているのですが、国内ではこの帯域はスマホに用いられる予定となっており使えません）。

　つまり、「Wi-Fi6」では最大幅160MHz幅なら2チャンネルしか取れなかったのが、「Wi-Fi6E」では5チャンネルもとることができるのです。

表2-3　160MHz幅のチャンネル数

	Wi-Fi6	Wi-Fi6E
2.4GHz帯	（最大80MHz幅）	（最大80MHz幅）
5GHz帯	2	2
6GHz帯	—	3
計	2	5

　「遅延性」（レイテンシー）が高いことはゲーム環境としては最も避けたいところです。

　これまで「Wi-Fi」によるゲーミングが避けられてきたのは、何よりも遅延性への懸念があったからです。

　チャンネル数が多いということは、遅延性を下げることにつながるのです。

＊

　以上のように「Wi-Fi」の「6GH帯」の利用は、①通信速度、②電波干渉、③遅延性———に劇的な変化をもたらすと言ってよいでしょう。

　なお、「Wi-Fi 6E」の後継として、2024年を目指して規格策定が進められているのが「IEEE 802.11be」（Wi-Fi7）です。

　最初から3つの周波数帯域を利用する設計になっていることから、最大通信速度が「9.6Gbps」から「30Gbps」に上昇しています。

　ただし、今の時点で「Wi-Fi6E」を導入していれば「Wi-Fi7」へのアップグレードはスムーズです。
　「Wi-Fi6E」を導入しておけば、今後の通信環境としては申し分ないと言えるのではないでしょうか。

驚異的な「Wi-Fi7」の世界

～新規格「IEEE802.11be」の改良点～

最近、「Wi-Fi7が凄い」という話題をしばしば耳にするよう
になりました。社会に実装されるのはもう少し先のことですが、
どういった点が「凄い」のかを探ります。

■ 瀧本往人

Wi-Fi規格

　「Wi-Fi」の最新規格は「Wi-Fi7」であり、その正式名称は「IEEE802.11be」です。

　「IEEE」(アイトリプルイー)は、規格策定団体「米電気電子学会」の略称で、有線も含め、さまざま技術の規格化を行なっています。

　「802」は、その中で「LAN」(ローカルエリアネットワーク)の技術に関わるワーキンググループで、たとえば「IEEE802.3」ならば、イーサネット(有線LAN)の策定をしています。

　その中で1997年以降「IEEE802.11」が、「Wi-Fi」(無線LAN)の規格を取りまとめてきました。

通信速度の改善の歴史

　「Wi-Fi」の規格の中でも、最も古いものは1997年に策定された「IEEE802.11」です。

　その後、性能を向上させるための改良が重ねられ、「IEEE802.11」の後に「11a」「11b」「11g」「11g」…と、アルファベットを付けて表わしています。

その間に、次第に通信速度が上昇し、当初は1秒あたり、せいぜい数10メ
ガビット程度だったのが、今では「数ギガビット」を可能にしはじめてい
ます（あくまでも理論値ですが）。

＊

そもそも、通信可能な周波数帯域が、当初は「2.4GHz」または「5GHz」
帯のいずれかしか使えなかったのですが、「Wi-Fi7」では新たに「6GHz」
をも使えるようになります。

＊

その他、変調方式やアンテナ技術の改良も併せ持って、性能が上昇し続
け、2019年には「11ax」が登場し、ここで初めて呼び名を改め、分かりやす
い「Wi-Fi6」となりました。

また、遡って、「11n」と「11ac」をそれぞれ「Wi-Fi4」「Wi-Fi5」と呼ぶこ
ととなりました。

そして今「11be」によって、新たに「Wi-Fi7」の扉が開かれようとしてい
ます。

表2-4 IEEE802.11の規格の変遷

IEEE802.	略称	年	帯域(GHz)	速度
11	ー	1997	2.4	2Mbps
11a	ー	1999	5	54Mbps
11b	ー	1999	2.4	11Mbps
11g	ー	2003	2.4	54Mbps
11n	Wi-Fi4	2009	2.4/5	600Mbps
11ac	Wi-Fi5	2014	5	3.5Gbps
11ax	Wi-Fi6	2019	2.4/5	9.6Hbps
11be	Wi-Fi7	2024？	2.4/5/6	46Gbps

「Wi-Fi6」から「Wi-Fi7」へ

実は「Wi-Fi6」と「Wi-Fi7」の間には、もう一つ、「Wi-Fi6E」が2020年に策定されています。

「E」は、「Extended」の略で、「Wi-Fi6」の拡張版を意味します。

＊

「拡張」されたのは、利用する周波数帯域であり、新たに「6GHz」帯の利用を可能とします。

ただし国内では、ようやく2022年4月に情報通信審議会より総務省に「6GHz帯無線LANの導入のための技術的条件」の一部答申があり、目下、総務省が法整備に入っているところで、実用化にはもう少し時間がかかりそうです。

ここで検討されている「Wi-Fi6E」が実用化の条件をクリアすると、「Wi-F7」の実用化もスムーズに進むことになるはずです。

さまざまな技術改良

このように「Wi-Fi7」の最大の特徴は、新たな周波数帯域の実用化ですが、それ以外にも、目を見張る技術改良が数多くあります。

■「チャネル幅」の拡張

高速伝送を可能にするには、そもそも「チャネル幅」を拡げる必要があります。

「Wi-F5」から「Wi-Fi6E」までは「20MHz」をベースにしつつ「40MHz」「80MHz」「80MHz +80MHz」「160MHz」の利用が可能でしたが、「Wi-Fi7」では「6GHz帯」でこれまでで最大である「320MHz」を実現するとともに、並行して「5GHz帯」で「160MHz」、「2.4GHz帯」で「80MHz」も同時利用ができることから、合計「560MHz」の伝送が可能となります。

■「変調方式」の改良

「Wi-Fi」では変調方式として「OFDM」（直交波周波数分割多重」を用い、複数の搬送波に複数のデータを乗せて送っています。

「256-QAM OFDM」として策定されていた「Wi-Fi5」と比べると、「Wi-Fi6」はその4倍（=1024）となり、さらに「Wi-Fi7」はその4倍の「4096」になります。

情報量の密度で言えば、1シンボルあたり10bit（Wi-Fi6）が12bitを伝送できるようになるため、伝送速度が20%上昇します。

■ アンテナ (MIMO)数の増強

送受信のインフラであるアンテナを複数同時使用する「MIMO」も「Wi-Fi5」では入出力それぞれ4基ずつまで可能だったのに対して、「Wi-Fi7」では16基ずつとなります。

これは1台のデバイスにおける送受信量を増やすだけでなく、IoTをはじめ、数多くのデバイスが同時に接続していてもスムーズな通信が続けられるようになることを意味します。

■「リソースユニット」(RU)の有効利用

各ユーザーに割り当てられるユニットを「RU」と呼び、「Wi-Fi6」では「RU」がそれぞれのユーザーに割り当てられると、未使用のユニットが生まれても、そのままになってしまいました。

「Wi-Fi7」では、複数のRUを1ユーザーが使えるようにしているため、そうした未使用ユニットの利用が可能となり「マルチRU」を実現しています。

■「MAC層」の改良

　「Wi-Fi7」で新たに付加された「MLO」（Multi-Link Operation）機能は、3つの帯域を1つのデバイスで使えるようにしたものです。

＊

　このように「Wi-Fi7」は、考え得る限り最大に性能を向上させて、「高速化」「低遅延化」「複数接続化」を実現しています。

　おそらく日本における個人ユーザーとしては「Wi-Fi 6」あたりで、そろそろインフラとしては充分と感じているのではないかと思います。

　ですが、「Wi-Fi7」は、世界中の人々がアクセスすることを想定するとともに、さらにそれ以上に今後爆発的に増大するIoT機器の通信を過不足なく稼働させ、かつ、高画質映像でも安定して視聴利用できるような未来を作り出そうとしているのです。

第**3**章

プログラミングとAI技術

「PC＝プログラミング」というイメージがあるくらい、PCの出始めは誰もがプログラムを触っていました。

しかし、現在のPCの用途は多岐にわたり、インターネットサービスの利用が中心になっています。

プログラミングをする人、しない人がはっきり分かれたと言えますが、これまでプログラミングに興味なかったユーザーでも、最近では少しずつプログラミングやAIに触れる機会が増えてきています。

本章では、現在のプログラミング事情とAI技術について解説します。

プログラム言語とプログラム技法

〜DISK-BASIC以降のホビー・プログラミングの変遷〜

PCの「プログラム言語」と「技法」の移り変わりを、ホビーストの視点から振り返ります。

■ 英斗恋

高級言語プログラミングの普及

■ Pascal

自作ソフトの規模が大きくなると、「DISK-BASICの関数定義やブロックIF文非対応で構造化プログラミングができない点」「ソース・ファイルを逐次翻訳実行する、インタープリタ方式の低実効速度」などが問題となり始めました。

*

当時、「構造化プログラミング言語」として「Pascal」が注目され、「UCSD Pascal」が8bit/16bit機に幅広くリリースされましたが、「グラフィックス」「音源」などのハードウェア固有の制御ができず、ホビー用途としては限定的でした。

■ C処理系前史

1980年代前半から8bit機（CP/M）用の「BDS C」、MS-DOS機用の「Lattice C」などの商用ソフト、フリーソフトの「Small C」はありましたが、コマンドラインでコンパイルし、Cソース・レベルでのデバッグができないなど、使い勝手に難がありました。

*

また、「Lattice C」以外は「標準ライブラリ非互換」「浮動小数点型非対応」など、Cの機能をフルに利用できない、サブセットの処理系でした。

「Pascal」を提唱したスイス連邦工科大学「ニクラウス・ヴィルト」に

教えを受けた「フィリップ・カーン」は、「アンダース・ヘルスバーグ」開発の軽快なエディタ一体型Pascal処理系「Turbo Pascal」を発売。

　この成功を元に、開発言語メーカー「Borland International社」を設立します。

■ Turbo C

　1987年に登場した「Turbo C」は、「Turbo Pascal」に近い操作性と軽快さが支持され、C普及のきっかけとなりました。
＊
　エディタと一体になった「統合開発環境」（Integrated Development Environment）で、①Cソースを1行ずつ実行でき、②コンパイルもディスクに一時ファイルを書き出さずメモリ上で高速コンパイル、③すぐデバッグに入れる手軽さは、本体付属の「BASIC」に引けを取りませんでした。
＊
　また、グラフィック・ライブラリ同梱でBASICと同等の描画が可能なだけでなく、Cソース中に機械語ルーチンを挿入してBIOS呼び出し、I/Oアクセスを可能とし、これまでの「BASIC＋機械語」と同じコーディングを実現できるようになりました。

■ Microsoft C

　続けて発表された「Microsoft C」は、高度な最適化で「Turbo C」より「実行ファイルの速度」が速く、商用アプリの開発を支えます。
＊
　「Ver.6.0」では、関数呼び出し時の引数を、「スタック」ではなく「レジスタ」で引き渡す拡張記法「fastcall」を導入。
　可変引数対応のため、「スタック・ポインタ」経由で局所変数にアクセスする、Cの速度上の制限を解決します。
＊
　高機能な反面、コンパイル時間がかかり、また統合開発環境「CodeVi

ew」の動作も「Turbo C」より重かったことから、開発中は「Turbo C」を使い、最後にリリース・イメージを「Microsoft C」で生成する、こともよく行なわれました。

■ ANSIによるCの標準化

1989年には、米国規格協会（ANSI）がCの標準規格「ANSI X3.159-1989」を策定。

＊

関数呼び出しで引数の型、数をチェックする「プロトタイプ宣言」や、標準ライブラリの多バイト（漢字他）コード対応など大幅な変更が行なわれたものの、Cプログラムの実効速度に関する変更は行なわれず、各種処理系が規格にタイムリーに対応したことから、可搬性のある言語としてCが広く普及します。

■ 日本語処理、グラフィックス

標準化の範囲にグラフィックスは含まれず、また多バイト処理はそれまでの各処理系の拡張ライブラリと異なったことから、処理系間の非互換として残りました。

＊

ただし、当時の標準的なグラフィック・日本語処理は高機能でなく、定評のあった「Turbo C」のグラフィック・ライブラリ（BGI: Borland Graphic s Interface）でも、数種類の英文字フォントや塗りつぶし機能がある程度で、自作プログラムの処理系依存は高くありませんでした。

オブジェクト指向プログラミング

「単純な文法」と「最小限のライブラリ」で習得が容易な「C」が、商用からホビーまで普及します。

＊

しかし、小さな仕様は、「Windows/Macintosh」の普及でGUIが求めら

れると、膨大なAPI呼び出しをすべてコーディングする大きな負担となります。

■ C++への注目

C用Windows SDKでは、APIに対応した数多くの関数が並び、関数の利用法の習得が大きな負担となります。

一方、AT&Tのビャーネ・ストロヴストルップは、「C」後継のオブジェクト指向言語「C++」を提唱。

当初はクラスの定義・継承ができる程度のシンプルな拡張でしたが、オブジェクト指向の記述をしなければ基本的にCと互換性があり、必要な部分のみ拡張機能を使える点が注目されます。

■ Turbo C++

1990年、BoralandはC++対応の「Turbo C++」を発売。通常のCとして使えることから、既存の「Turbo C」ユーザーが「Turbo C++」に移行します。

■ Microsoft C/C++ ver.7.0

遅れて1992年に、「Microsoft C/C++ ver.7.0」が発売。
Windowsアプリのmodel-view-control構造に合致したクラスライブラリ「MFC」(Microsoft Foundation Class Library)を同梱します。

「MFC」はアプリケーション・フレームワークの位置づけで、アプリは「MFC」の派生クラスとして独自部分のみコーディングします。

C++の特性を活かし、独自コードに置き換えない部分は、デフォルトのMFCの動作が組み込まれたため、Windowsの規約に合致した安全性の高いアプリを作成できるようになりました。

　反面、Microsoft提供の立場から、MFCはWindowsの全機能を包括する非常に大きなクラスになり、MFC自体の学習が大きな負担となります。

　簡単なアプリはWindows SDKを使い自分でコーディングをしたほうが楽なこともありました。

■ Borlandのフレームワーク

　一方、Borlandは「MFC」対抗の「ObjectWindows Library」(OWL)をリリース。

　「MFC」より分かりやすいと評判は上々でしたが、「MFC」非互換で、新たに学習が必要な点、継続的なサポートへの懸念から、商用アプリでの利用はためらわれました。

■ C++規格の混迷

　一方、「C++」の言語仕様は各種要求を受け入れ続けて肥大化、プログラマーの追加機能の学習や言語ソフトの対応が困難になっていきます。

＊

　特に、複数のクラスを一度に継承する「多重継承」(multiple inheritance)は、「子から親へのクラス」を一意にたどることができなくなり、「オブジェクト指向言語の理念に反する」と不評でした。

■ クラスとインターフェイス

　「多重継承」については、機能を実装したクラスではなく、呼び出し方法を規定したインターフェイス(空のクラス)を複数継承することにより、複数の呼び出し方法に対応する柔軟なクラスが可能になったと擁護する声もありました。

＊

　その場合でも、インターフェイスを順に継承すればよく、必須の機能とは言えませんが、後にJAVAの設計者は多重継承を批判しつつ、インターフェイスのみ多重継承をサポートします。

■ STL

　静的に型付けされる「C」を元にした「C++」で任意の型に対して標準的な操作手順をライブラリとして提供するため、当初基本型でコーディングされていた標準ライブラリは、型を指定して関数を生成する「template機能」で書き換えられました。

＊

　それ自体は理にかなった変更ですが、利用するため「template<typename T>」と、Cユーザーにはなじみのない記述を行なうことになり、Cから漸次的にオブジェクト指向の記述を利用できるはずだったC++は、完全なオブジェクト指向のコーディングが求められる言語に変質しました。

■ Objective C

　一方、Smalltalkの影響を受けたオブジェクト指向言語である「Objective C」は、「変数」「関数」の取り扱いや基本計算は「C形式」であるものの、オブジェクト指向部分の記述形式は「C++」とまったく互換性がなく、未収得者はまったく記述内容が読めない、独自の記述形式を採用しました。

＊

　当初は風変わりな方言だった「Objective C」も、それを採用したNeXT社のGUI・OS統合環境「NeXTSTEP」が「Mac OS」に採用されてMacの標準言語となり、Cを源流としつつ、まったく互換性のない2言語が並列し現在に至ります。

■ Delphi

　Borlandはプラットフォームのクラスを意識せずGUI上で各イベントのコーディングを行なうPascalベースの「Delphi」をリリース。

　分かりやすさからホビイストに人気となり、後にC++ベースの「C++Builder」も発売されます。

■ 本質的な問題点

当時のオブジェクト指向プログラミングが混乱した原因は、複雑なイベント駆動プログラミングを言語の記述法とアプリケーション・プラットフォームで解決しようとした点にあるでしょう。

C++の言語仕様、「MFC」が拡張され、Windows OSが「16bit」から「32bit API」に移行する中、プログラマーは変更点の学習に忙殺されます。

「MFC」の利用が必須になり、クラス設計が自由にできない点は、非常に窮屈でした。

■ 可搬性の喪失

特定のオブジェクト指向言語でコーディングをしてしまうと、他のプラットフォームに移植できなくなることから、「マルチ・プラットフォーム製品」の多くは依然Cベースで設計されました。

一例として、当時各社携帯電話にライセンスされたブラウザ・メーラーの多くは、Cソースでした。

インターネットと携帯電話

各プラットフォーム、言語ソフトでコーディングが異なる状況は、バベルの塔になぞられ、統一的なコーディングやバイナリのポータビリティの実現が試みられます。

■ JAVAと携帯電話プラットフォーム

CPU非依存の中間コード形式でバイナリを生成、家電からサーバまで同じコードを実行するJAVAは、中間コード・インタープリタが不正なコードを実行時に検出できるセキュリティ上の利点もあり、携帯電話アプリの共通言語として利用されます。

＊

　携帯電話各社は、「音声」「画像」「動画」のマルチメディア機能の拡張を独自で行なったため、アプリの可搬性は携帯電話会社内に限られましたが、携帯電話共通のアプリを書けるようになりました。

■ Palm・BREW・Windows Mobile

　携帯電話では、画面が小さく全画面表示が基本だったため、ウィンドウの移動・サイズ調整機能を省き、キー入力はいちばん前の画面が受けるシンプルなGUI設計が行なわれました。

＊

　「Palm」「BREW」では、アプリの起動(start)、裏画面に移動 (suspend)、前画面に復帰 (resume)、終了 (end)とキー入力 (key)イベントのみ処理する単純なイベント・ハンドラになり、コーディングの負担が大幅に軽減されました。

　「Windows Mobile」では、MFCを元にしたフレームワークが提供されましたが、全画面表示による簡素化されたI/Fは同様です。

「Raspberry Pi」とホビー・プログラミングの復権

　「言語仕様」や「アプリケーション・フレームワーク」の高度化で、ホビイストがプログラミングに手を出しにくくなった現状の打破が試みられます。

■ Python

　記述の可読性に難があるPerlに代わるスクリプト言語として注目された「Python」は、「ver.3」で完全なオブジェクト指向言語として一部文法を整理しつつ、クラス定義をしなければ、単純な文法ですぐ利用できる言語として利用が広がっています。

特に「Raspberry Pi」では標準言語の地位にあり、本誌連載「Raspberry Piを使ってみよう」でもクラスの記述を避けた単純な記述のサンプル・ソフトで各機能の呼び出し法を紹介しています。

■ セメント・プログラミング

ライブラリの充実も、Python普及の要因です。

最近では機械学習（ML）関連のライブラリも一通り揃っており、たとえば、本誌記事「ラズパイカメラで『顔認識』する」（2022年5月号）のように、ほとんどコーディングをせず、既存のライブラリを呼び出すだけでアプリを作成できます。

世の中に知られているデータ処理は再コーディングせず、既存ライブラリを呼ぶ「差分プログラミング」は小石・砂利がセメントで接着されたコンクリートになぞらえ、（最低限の自作コード＝）「セメント・プログラミング」がコーディングの負担軽減、迅速化のゴールとされてきましたが、Pythonの普及で急速に実現されつつあります。

■ GUIの制御

各プラットフォームでUIが微妙に異なり、アプリケーション・フレームワークが非統一な点も、GUIの共通操作手順「Tk」で解決されつつあります。

「Tk」は「アプリケーション・フレームワーク」を必要とせず、手続き的に（順に）APIを呼べば利用でき、極めて学習コストが低い「GUI I/F」です。

当初、「Windows/Mac/Unix」の最大公約数として、最低限の制御から始まり、現在では本格的なアプリに使用できる水準になり、TkベースのプログラムはOSに依存せず、各種プラットフォームで実行できるようにな

りました。

各言語で利用可能ですが、特にPython向けの「tkiner」が普及しています。

これからのプログラミング

OSの拡張を追い複雑になった「言語」や「フレームワーク」は、もはや職業人であっても全体を見通せないものになりました。

しかし、「スマホ」「Linux PC」「Raspberry Pi」が共存するマルチ・プラットフォームの時代では、共通アプリを作成するために言語やライブラリが整備され、学習コストや作業工数が急速に狭まっています。

かつてのように、ホビイストが活躍する時代が来ているのではないでしょうか。

AIの「夏」と「冬」

〜これで3回目になるAIブーム。過去との違いと今の状況〜

「第3次AIブーム」と呼ばれている現在は、ほぼ「ディープ・ラーニング」一色となっていますが、過去2回の「ブーム」とどのように違うのでしょうか。

個人・社会との関係も鑑みつつ、解説します。

■ 清水美樹

第1次ブーム

■ チューリング・テスト

●「思考とは何か？」

「第1次AIブーム」を象徴する言葉に「チューリング・テスト」があります。これは、1940?50年代の計算機科学の構築に大きな貢献をしたアラン・チューリングさんが提唱した「AIの性能」を評価するテストです。

＊

このテストは、哲学者でもあったチューリングさんが思索した「思考とは何か」という課題から起こされました。

人は、自分では「考える」という行動を意識しますが、他の人が「考えているのかどうか」を、直接伺い知ることはできません。

「ある課題に対するその人の応答」で判断するのみです。

●機械は思考するか？

すると、機械が思考するかどうかも、ある入力に対する機械の出力が、「思考していると考えられる人」の応答によく似ているかどうかで決められるじゃないか、というのが「チューリング・テスト」です。

具体的には、人間が機械と対話をして、相手が人間だと認識すれば、その機械は「思考機械」、のちの「人工知能」として認められるというのです。

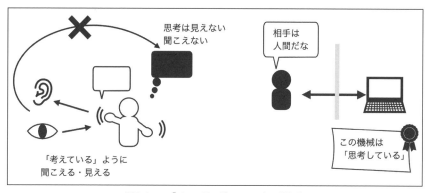

図3-2-1　「チューリング・テスト」の考え方

■ カウンセリング・マシン「ELIZA」

●賢いのはどっち？

「第1次AIブーム」を代表する成果が、自動カウンセリングソフトウェア「ELIZA」です。

1966年にMITの「ジョセフ・ワイゼンバウム」教授によって開発されました。

```
Welcome to
                EEEEEE  LL      IIII  ZZZZZZ   AAAAA
                EE      LL       II       ZZ  AA   AA
                EEEEE   LL       II      ZZ   AAAAAAA
                EE      LL       II     ZZ    AA   AA
                EEEEEE  LLLLLL  IIII  ZZZZZZ   AA   AA

Eliza is a mock Rogerian psychotherapist.
The original program was described by Joseph Weizenbaum in 1966.
This implementation by Norbert Landsteiner 2005.

ELIZA: Is something troubling you ?
YOU:   Men are all alike.
ELIZA: What is the connection, do you suppose ?
YOU:   They're always bugging us about something or other.
ELIZA: Can you think of a specific example ?
YOU:   Well, my boyfriend made me come here.
ELIZA: Is it important to you that your boyfriend made you come here ?
YOU:   He says I'm depressed much of the time.
ELIZA: I am sorry to hear that you are depressed.
YOU:   It's true, I am unhappy.
```

図3-2-2　「ELIZA」の使用イメージ

実は、「ELIZA」の目的はカウンセリングではなく、「自然言語処理」です。

入力された内容を分析して、キーワードを出力に織り込んだり、自分のことか人のことか、または物事の話なのかを決定します。

　そして、「どうしてそう思うのですか」「他に思い当たることは？」のような質問を出力して、次の入力を促します。

＊

　発表当時は、「テスターの多くがELIZAを人間と思い込んだ」という話が広まって、ELIZAの「人間らしさ」が過大評価されたようです。

　しかし、ワイゼンバウム教授はこのことをむしろ、「プログラムの成功にはユーザー側の寄与もある」と評価しています。

　たとえば、ELIZAが問題にまったく関係ないような質問をしてきても、人間側で「これは他の側面から問題解決の道を探ろうとしているのだな」と想像して、会話成立に協力していくのです。

■ 第1次「AIの冬」

●官民の投資が増えるか減るか

　AIの研究機関が研究をやめるということはほとんどなく、「ブーム」かそうでないかは、企業の投資や政策での研究補助が増えるか減るかによるものなので、AI分野では官民の投資が冷え込む時期を「AIの冬」、そうでない時期を「AIの夏」と呼んでいます。

＊

●最初の「AIの冬」

　「第1次AIブーム」の終焉、すなわち「最初の冬」は、1960年代後半から1970年代にありました。

　社会がAIに寄せた過剰な期待の反動と言えましょう。とりわけ米国では、AIの軍事利用として、「自動翻訳」や「自動運転」などに向けられていた投資が採算に見合わないとして打ち切られました。

　当時期待されていた「自動翻訳」や「自動運転」は、当時の「ハード/ソフト/通信技術」では、「入出力」も「演算」も「転送」も、「遅すぎて無理だったろう」と言うことが、それらがほとんど可能になった今だからこそ分かります。

第2次ブーム

■ エキスパート・システム

●分野も知識も判断も専門

1980年代になって「エキスパート・システム」という、「判断支援プログラム」が実用化されたことから、AIが再び注目を集めました。

*

「エキスパート (専門家)」の名が示すとおり、特定の分野に絞って、人間の専門家が下す判断を「知識」としてデータ化し、未知の課題の解決策を提案するプログラムです。

●ゴール・ドリブン

専門分野ですから目的 (ゴール) も定まっています。

今も語り継がれる「MYCIN」というプログラムは、「血液検査の結果から投与する抗生物質 (ナニナニマイシンという名前の物質が多い) を判定」を想定して開発されました。

> ＊MYCINそのものは実用化されませんでしたが、エキスパート・システムの例として、多くの解説書で用いられています。

●今とは違う「ナレッジ・ベース」

エキスパート・システムの主要な構造的特徴は2つで、1つは「ナレッジ (知識) ベース」。

しかし、「不定形データベース」や「ソースコード共有」などを扱う最近の考え方とは違い、「ルール (判断基準)」が「知識」でした。

「MYCIN」における新しい知識の追加方法のイメージは、以下のようなものです。

MYCINの「知識」追加のイメージ

```
IF：1-**染色に対して陰性/桿菌
AND 2-**嫌気性
AND 3-**血液から採取
AND 4-**消化器から侵入した疑い
THEN：1-** バクテロイデス属
        確度：9
```

●推論プログラム

　エキスパート・システムの推論プログラムは、現在の機械学習と異なり、課題に対して真っ向から「論理演算」と「集合論」で解析するプログラムでした。

　使用したプログラミング言語は、「LISP」や「Prolog」です。

　「LISP」はご存知の方も多いと思います。

＊

　以下のようにカッコ内に「処理」と「処理対象」を記述します。

　なお、「LISP」には非常に多くの系統があり、それぞれ仕様に差もあります。

LISPのコード例

```
(+ 2 3)
```

　一方、「Prolog」の一種B-Prologには、**図3-2-3～図3-2-4**に示すような、「対話的コマンドインターフェイス」があります。

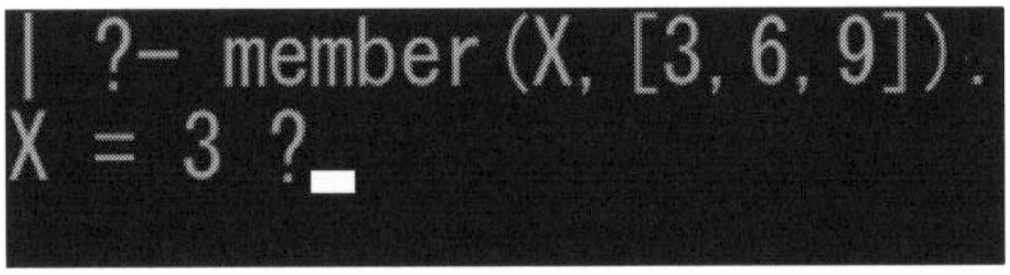

```
| ?- member(X, [3,6,9]).
X = 3 ?_
```

図3-2-3　B-ProLogのクエリと応答

　図3-2-3では、リスト[3,6,9]の要素を変数Xに代入して出力させるという問い合わせ（クエリ）で、まず最初の要素3が表示されたところです。このあと、「;」を押して、次の要素を表示させます。

　図3-2-4は、要素6,9を出力させ、さらに「;」を押したので「もう要素はありません」という意味で「no」と出力され、次のクエリが促されています。

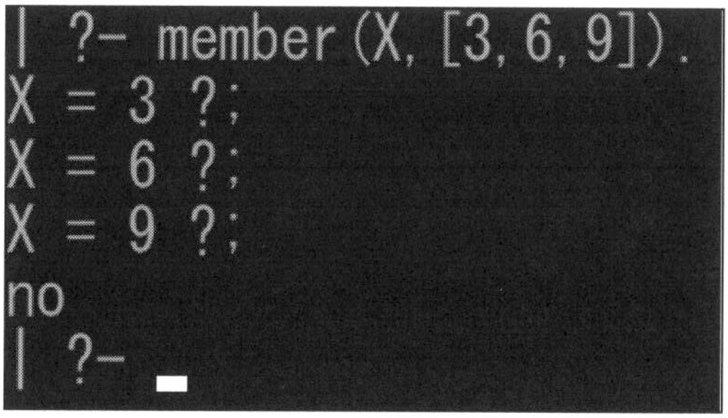

```
| ?- member(X, [3, 6, 9]).
X = 3 ?;
X = 6 ?;
X = 9 ?;
no
| ?- _
```

図3-2-4　最後の要素まで全部出力させた

■　人工知能用コンピュータ

●LISPマシン

　第2次AIブームの特徴は、LISPプログラム専用のコンピュータが「AIマシン」として製造販売されたことです。

　WikipediaにはいくつかのLISPマシンの写真が載っています。

●第五世代コンピュータ計画

　1890年代、日本では国家レベルで「第五世代コンピュータ」と呼ばれるAIマシンの開発プロジェクトが進められました。

　「Prolog」を採用して「並行論理プログラミング」を進め、いくつかの推論マシンが開発されました。

■ 第2次「AIの冬」

●市場が成長せず

「エキスパート・システム」を推進力とした第2次AIブームは、「AIマシン」の市場が成長しなかったことで衰退しました。

日本の第五世代コンピュータ計画も、1990年代初頭に終了しています。

●とにかく難しい感じ

筆者は本記事の執筆にあたり、当時出版されたいくつかの「エキスパート・システム」の解説書を読む機会をもちました。

しかし、コンセプトとアルゴリズムが綿々と説明してあって、「何かの言語による実装例がない！」という印象を受けました。

現在のAI仕様のように、「では、お手元のノートパソコンで、手書き文字の認識例を実行してみましょう」というわけには、とても行きそうにありません。

「要件定義」「サービスレベル合意」なども浸透していなかった当時、巨額を投じてAI専用システムを導入しようとする企業が多く出なかったのも分かります。

第3次ブーム

■ 実はブームチェンジがある

●機械学習から深層学習へ

そして、1990年代から今が「第3次AIブーム」とされていますが、技術的には「ブームチェンジ」があります。

＊

「第3次AIブーム」を躍進させた「機械学習」は、「回帰分析」「サポートベクトルマシン」「決定木」など、目的に合わせて1つ、または複数の手法を選択・最適化し、データの前処理にも経験と技術を駆使する方法でした。

＊

　この分野から、西暦2000年ごろ「z = w・x+b」という式ひとつをほとんどパラメータの調整だけで最適化する「深層学習（ディープ・ラーニング）」が起こり、今は他の手法を圧倒しています。

●人工知能の考え方の変遷

　アラン・チューリングさんの課題提起「機械は思考するか？」で始まったとも言えるAIブーム。

　機械に「論理的思考」をさせようとした前時代に代わり、「機械学習」は一時期「経験（統計）的手段」を用いましたが、「深層学習」は人の思考を単純な電気信号と捉えて計算を行ないます。

●「ブーム」ではなく「どんなAIになるか」

　前2回の「夏」は「冬」となりましたが、今のAIはすでに広く実用化されており、AIという考え方が「衰退」することはないでしょう。

　機械学習の中から深層学習が出たり、自然言語処理が「LSTM」から「トランスフォーマー」に変わったりという、AIの手法の成長と衰退が起こっていくと考えられます。

【参考サイト】

1)https://en.wikipedia.org/wiki/ELIZA
2)http://www.universelle-automation.de/1966_Boston.pdf
3)https://en.wikipedia.org/wiki/Lisp_machine
4)http://www.picat-lang.org/bprolog/
5)https://people.dbmi.columbia.edu/~ehs7001/Buchanan-Shortliffe-1984/MYCIN%20Book.htm

現在のAI事情

～プロンプト・エンジニアリングではじまるコンピュータ革命～

巨大言語モデルの発展により生まれた「プロンプト・エンジニアリング」。これは、AIの民主化だけではなく、コンピュータのインターフェイス革命を実現する可能性を秘めたキーテクノロジーです。

■ 新井克人

身近になったAI

「ディープラーニング技術」を中心とした第三次AIブームの熱は世の中では冷めつつありますが、「GAFAM」をはじめとしたビッグプレイヤーの積極的なAIへの投資は続いています。

そして、気が付けば、AIを使ったサービスやアプリケーションは、人々の生活に徐々に浸透しています。

*

たとえば、「iPhone」や「Android」では、写真アプリから過去の思い出の写真がリコメンドされ、開けば被写体やカテゴリで自動整理されたアルバムが自動で作成されるようになりました。

コンピュータが得意でないユーザーが、「Amazon Echo」や「Google Home」「Apple Siri」を音声入力で使いこなす光景も、当たり前になりました。

これらは、ここ5～6年で急激に発展した「AIによる画像認識・音声認識」技術を活用しています。

*

一方で近年は、「生成」技術と自然言語技術が重点的に研究され、今年は

その成果が一気に花開いたようです。

　第三次 AI ブームは幻滅期を飛び越えて安定期に突入し、新たなフェーズが始まりつつあるように思います。

＊

　それでは、現在の AI がどのように進化してきたのか、近年のトレンドから順を追ってみていきましょう。

AIの進化の方向性

　改めて説明するまでもなく、AI はコンピュータ技術によって成立しており、AI の進化は「ソフトウェア」と「ハードウェア」(主にプロセッサ)の2つの進化に支えられています。

　ソフトウェアとハードウェアの進化はシーソーのような関係で、ソフトとハードが交互に進化することで、全体のレベルが引き上げられていく光景は、これまでコンピュータ業界で何度も繰り返されてきました。

　「ディープラーニング」を中心とした AI の進化を大きく見ると、教師あり学習の**「識別・認識」系 AI** と教師なし学習の**「オートエンコーダ・生成」系 AI** があります。

　「識別・認識」系 AI で代表的なアプリケーションは、「画像・音声・自然言語」を分類し、ラベル識別を実現します。

　この領域はすでに精度が一定の実用レベルに達しており、精度を向上させる研究も継続されてはいますが、最近はアプリケーションへの適用に力が注がれる傾向にあります。

　最初に挙げた身近な活用例も、「識別・認識」系 AI を使用しており、い

かに利用シーンに合わせてチューニングするか、低消費電力で高速に実行できるかに焦点が移っています。

　一方で、「オートエンコーダ・生成」系AIについては、「Transformer」と呼ばれるモデルの出現がターニングポイントとなり、今も急激に進化しています。

　Transformer以前の「オートエンコーダ・生成」系AIは、「時系列」や「前後関係」のあるデータ、特に自然言語の取り扱いにかなりの工夫が必要で、精度もなかなか上がりませんでした。

　ところが2018年、人工知能でもっとも有名な研究機関の1つである「OpenAI」によって、Transformerを使用した文章生成言語モデルである「GPT」(Generative Pre-trained Transformer)が発表されました。
　これによって、汎用的な文書生成が行なえる可能性が示され、この領域の発展がはじまりました。

　特に2020年7月に発表されたGPT-3は、さまざまなところでニュースになったため、みなさんの記憶に新しいかもしれません。

　それに加えてOpenAIが同時期に示した論文で、Transformerの性能はパラメータ数・データセットサイズ・コンピューティング予算を変数としたシンプルなべき乗則に従うと説明し、これを「Scaling Law」と命名しました。

　そして、これは自然言語処理以外でも、「画像」「動画」「マルチモーダル」「数式」といった各種ドメインにおいても成立することが示されました。

　この「Scaling Law」によって、大規模AIモデルの時代が幕開けたと言えます。

大規模モデルの進化

■ 言語生成モデル

これまで説明したように、GPT-3は、大規模言語モデルの開発競争を引き起こしました。

GPT-3では、話し言葉でWebのデザインを生成したり、ストーリーの冒頭を入力すると続きが生成されるというデモが示され、AIに興味がない人にも、その性能が分かりやすく示されました。

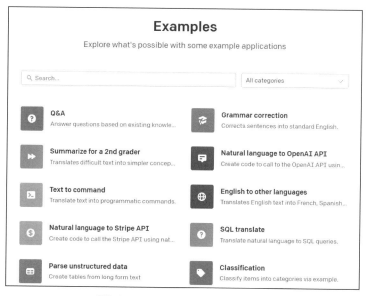

図3-3-1 OpenAIのGPT-3のサンプル
(https://beta.openai.com/examples)

このトレンドは2022年の現時点でも続いており、AIの言語生成モデルは巨大化の一途をたどっています。

GPT-3は1750億パラメータのモデルを、4900億トークンの学習データを使って学習させて、作成されたと説明されています。

　これでも当時大規模と言われていましたが、今年マイクロソフトとnVidiaは共同で5300億パラメータの「Megatron-Turing NLG」を開発したと発表しました。

　Googleも、それを上回るパラメータ数が1兆を超える質疑応答AIの「GLaM」を開発していますし、Metaはパラメータが数兆のAIを開発する意向を示しています。

　ただ、言語モデルはその名の通り「言語」に依存するため、英語で作られたAIモデルを日本語などの多言語で直接利用できません。
　そのため、各国で自国言語向けのAIモデル開発が進められています。

　日本語では、マイクロソフトからスピンアウトしたrinnaが2021年に日本語対応の「GPT-2」を開発し、話題となりました。

　しかしその直後に、LINEが390億パラメータの「HyperCLOVA」を開発し、次のバージョンは2000億パラメータで開発すると宣言しました。
　中国では、Googleを超えた1兆7500億パラメータの「悟道2.0」が2021年10月に発表され、世界の注目を集めました。

　このように、「Scaling Law」に従って膨大なパラメータ数の言語モデルが、各国で作られていくことになりそうです。

■ 画像分類（認識）モデル

　Transformerを自然言語に適用すると大きな成果が得られることが分かりましたが、これを画像分類に適用したものが「CLIP」です。

　こちらもOpenAIが開発し、2021年1月に発表しました。

　CLIPではGPT-3を活用しながら、画像と画像の説明文を4億セット学

習することで、文章で絵の検索を行なえるようになりました。

　これまでの画像認識技術では、あらかじめつけておいた「テキストのラベル」と「画像」の組み合わせを学習させ、「ラベルに紐付いた画像」(群)に似ているかどうかで検索をしていました。

　簡単な例を挙げると「リンゴの実った木」を検索する場合、「リンゴ」「木」のラベルで画像を抽出することしかできませんでした。

　ところが「CLIP」では、文章と画像のセットで学習しているため、多様なタスクに対してラベルの付け直し不要で、AIモデルが利用可能になりました。

　それだけでなく、「テキストから画像」「画像から文章」「画像から画像」の検索が自在にできるという特徴があります。

　これを応用すると、「リンゴの実った木」というテキストでそのまま検索できるだけではなく、「桃の実った木」も類似の画像として検索することができるようになりました。

■　画像生成モデル

　Open AIはCLIPの発表と同時に、「DALL-E」という画像生成モデルも発表しました。

　こちらもGPT-3を活用したモデルで、文章から絵を作り出すことに特化しているのが特徴です。

　発表時にOpen AIがBlogで示したサンプルが**図3-3-2**です。

・子供のダイコンが
・チュチュを着て
・犬の散歩をしている
・イラスト

という、なんとも不思議な言葉の組み合わせで、画像を生成させています。

図3-3-2　DALL-Eのサンプル画像
(https://openai.com/blog/dall-e/)

　このモデルが重要なのは、学習した画像を検索しているのではなく、「AIによって完全に生成された画像」が出力される点です。

　元となる学習データはインターネット上をクロールして収集したデータから作成されていますが、DALL-Eの出力が学習データに含まれているかどうかは分かりません。

　このことから、とうとうAIがクリエイティブの世界を侵食しはじめたという評価がされました。

　そしてこの1年後、改良版の「DALL-E 2」が発表され、より精度の高いきれいな画像を作り出すことができるようになっています。

　ここまでの解説で分かるように、GPT-3から始まった新たなAIモデルは、Open AIがリードしてきました。

　これは、AIモデルの作成に必要なコンピューターリソースが膨大になる一方で、それを用意できる企業や団体が限られているため、もっともコンピューターリソースをもっているOpen AIがこの領域をリードする形

になっています。

　ただOpen AIはその名前とは反対に、ソースコードと学習済モデルを
オープンにはしませんでした。

　そのため、Open AIのモデルは、有償で限られたメンバーのみがAPI利
用できる形の提供方法しかとられませんでした。
（しかも利用には、Waiting Listからの招待を待つ必要がありました。）

　結果として、お金を出してでも使いたいという、一部のAI愛好者内で
しか流行しないという状況がしばらく続いていました。

　ところが、2022年7月、「Midjourney」という高精度な画像生成モデルが
サービスとして発表され、2022年8月には遂にオープンソースで学習済モ
デルを自由に使用可能な画像生成モデル「Stable Diffusion」が公開され
ました。

図3-3-3　Stable Diffusionで生成した画像
（プロンプトは "Monthly Computer Magazine I/O"）

　ここから、AIに文章で指示を作成し、目的の画像を生成させるという遊びが急速に広がりました。

　この原稿を執筆している間にも、毎日何十万という画像がStable Diffusionによって生成され、どのような文章を入力すれば望みの画像が生成されるのか、を指南するブログが大量に生まれています。

　そうです。AIやプログラミングの知識がまったくなくても、AIを誰でも自由に使う時代がとうとう到来したのです。

　将来、2022年はAIそしてコンピュータにとって歴史的な転換点だったと言われるのは間違いありません。

プロンプト・エンジニアリング

　これまで説明してきたような、テキストの文章でAIに指示を出し、結果を取得する手法を、「プロンプト・エンジニアリング」と呼びます。

　適切な「プロンプト」を人間が作成してAIの思考を助け、より目的に合った回答(出力)を生成させることが、今後のAI活用では必要になってきます。

　今はまだ文章生成と画像生成に活用されているだけですが、今後はコンピュータに言葉で指示をしてタスクを実行させることが、当たり前になっていくでしょう。

　「プロンプト」は、現在はまだ呪文と言われていますが、プログラミング言語のような進化をする可能性もあれば、ノーコードツールの進化形となるかもしれません。

　たとえば、「GitHub Co-Pilot」は、プログラミングの補助ツールという位置付けですが、これがOpen AIのCodexになると、どのようなコードを書きたいか指示するだけでCodexがプログラムを作成してくれます。

　言語生成モデルの研究が各国で進み、さまざまな言語モデルが出てくるようになり、適用範囲が広がると、そのモデルに合わせた「プロンプト」が必要になります。

　実際にGoogleのロボット研究部門では、「ロボットの振る舞い生成」を、プロンプトで実現する取り組み「PaLM-SayCan」を2022年8月に発表しました。

　大規模言語モデルを活用した、プロンプト・エンジニアリングは、これまでコンピュータには困難と言われていた記号着地問題を、一部でも解決できるのではないかと期待されています。

AIハードウェア

　ここまでAIの主にソフトウェアに注目して、最近のトレンドを説明してきましたが、最後にハードウェアのトレンドについても少し触れておきます。

　大規模モデルがAIの発展に欠かせないことは理解できたと思いますが、大規模モデルの学習を実行するハードウェアもまた毎年急激な進化を遂げています。

　現在のプロセッサのトレンドはもはやGPUではありません。汎用的な並列計算を行なうGPUは引き続き進化していますが、AIモデルに特化した演算ユニットをGAFAM各社が競って開発しています。

　高性能プロセッサの最新技術を発表する国際学会「HotChips」の今年のキーノートは、Teslaが発表しましたが、大規模モデルの開発にはまだまだ演算能力が不足しており、Tesla自身でプロセッサの開発を行なっていると宣言していました。

　またGPT-3のモデル構築を、オンチップで高速に学習可能なプロセッサを、ベンチャーのCerebrasが発表しました。

　「GAFAM」以外が、容易に大規模モデルを作れる環境が出てきた点で、注目に値します。

＊

　このように、AI開発（特にAIの学習）では、ハードウェアの開発なしに最先端を走ることはできなくなっているのが現状です。

　AIはこれからもまだまだ進歩し続け、私たちの生活を変えてくれるでしょう。

　数年もすれば、AIによってもたらされる、新たなコンピューティングの世界が開けているはずです。

今すぐ使える AI

～「プログラミング知識ゼロ」でも始められる AI サービス～

「AIがどのようなものか実際に触ってみたい」と考えたとき、
さまざまなソリューションが手軽に使える環境が整っています。有料のものでも体験用は無料で使えるものが多くあります。
ここでは、「今すぐ使える AI」として、そのサービスやソリューションを紹介します。

■ 久我吉史

本格的な開発に向く AI の API 群が無料で触れる

　一昔前までは、学術的な利用や、企業の大規模システム開発での利用に特化していたイメージがあった大手企業のAIが、2022年の今では、無料で触れるようになっています。

　マイクロソフトやIBMといった、クラウド上のストレージやデータベースなどを総合的に手掛けている大手企業のAIも例外ではありません。

　たとえば以下のようなクラウドサービス中にAIのサービスがあり、アカウントを作ることで、無料で利用できます。

　そのため、「今すぐ高機能なAIサービスのAPIを使って開発してみたい」というときは、迷わずこれらのサービスを利用するといいでしょう。

　クラウドによって無料期間後有料に移行するものもありますが、これまでAIサービス自体が高付加価値なものというイメージでしたが、各企業ともクラウドの中の1機能として提供し始めています。

　その証拠に、たとえば以下のようなAIがAPIとして利用できます。

・**自然言語処理**

　入力した文書を分析、解析して言語として読み取る。会話などもできる

・**音声入出力**

　音声認識や音声合成などを行なう

・**データの構造分析**

　回帰分析や時系列データの相関分析などを行なう

・**画像認識**

　入力した画像から物体などを検出する

　これらの機能は、各クラウドサービスでは独自の名称が付けられています。

　たとえば、AWSのAIサービスでは、以下のような名称で機能が提供されています。

・**Amazon Transcribe**

　入力した音声を文字列に変換して出力する

・**Amazon Lex**

　チャットボットを作成できる

・**Amazon Forecast**

　時系列データを入力して、将来の値を予測計算する

　目的別で機能が提供されているため、利用者（開発者）視点だと、開発を行ないたい機能を選択すればよく、機能によっては複雑なプログラミング不要で開発できるものもあります。

表3-1　大手企業のクラウドサービスとそのAIサービス

企業名	クラウドサービス名	AIサービス名
Amazon	Amazon Web Services	AIサービス
IBM	IBM Cloud	Watson API
Microsoft	Microsoft Azure	Cognitive Services
Google	Google Cloud Platform	AIビルディングブロック

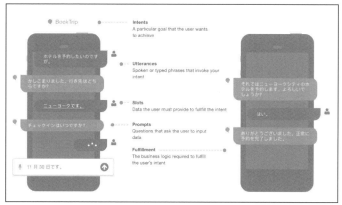

図3-4-1　Amazon Lexの実装イメージ
（引用元：Amazon）

　たとえば「Amazon Lex」では、音声認識のソリューションを作るための実装用のテンプレートが用意されています。

　そのテンプレートにしたがって、認識のパターンを作っていけばよいです。

　また、「AWS Lambda」というAPI機能群と連携することで、音声認識した後に行なう処理の記述もできます。

　図3-4- 1はホテルの予約の例ですが、空き部屋やその価格を取得したり、実際の予約を実行したりできます。

プログラミング知識が不要で今すぐ使えるAI

　前段で紹介したAIサービスは、あくまでAIによるソリューションを開発するための基盤という位置づけです。

　開発することなくAIが組み込まれたソリューションを使ってみたいという人もいるでしょう。

　ITソリューションの開発現場では、「ノーコード」と言われているプログラミングをすることなく開発が行なわれるものが登場してきていますが、AIも例外ではありません。

　プログラミングレスで開発できるAIソリューションにとりわけ力を入れていると言えるのが、ソニーです。

　たとえば、「Neural Network Console」というサービスでは、マウス操作だけで、複雑なディープラーニングを行なうためのニューラルネットワークの構築ができます。

　利用料金はプロセッサの種類と学習・評価計算の利用時間で決まります。

　最安では1時間約85円から利用でき、無料で10時間分の学習・評価と、10GBのワークスペース領域も使えるので、プログラミングは勉強中だが、AIのニューラルネットワークがどういうものか理解したい、実際に試してみたいという人が重宝するでしょう。

　同じくソニーでは、AIのよるデータ予測分析ソリューションとして「Prediction One」というソリューションも提供しています。

　こちらはプログラミングレスどころか、Excelでデータ整理するときと同じような感覚でデータの予測分析ができます。

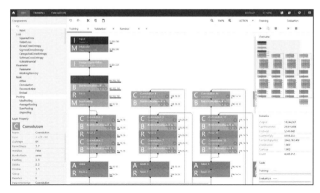

図3-4-2　マウス操作で作ることができるニューラルネットワークのイメージ

　この製品は30日間無料で試すことができるので、ソリューションがどのような結果を出力するのか。また、エンドユーザーとして、実際にAIを使ったデータ分析を行なってみたい人なら、今すぐ利用してほしいソリューションです。

図3-4-3　予測モデルの作成を行なう

　AIデータ分析を行なう手順として、学習用のデータをPrediction Oneに入力します。
　対象となるデータをExcelなどで作成してインポートするだけでよいです。

図3-4-4　予測精度の計算結果を確認する

　AIによって分析した結果が出力される、予測の精度や項目への寄与度
が確認できます。

　特にAIを学んでいる人にとって、AIを使った結果がどのようなものに
なるか。視覚的に理解し、また、自分でソリューションを作っていくとき
の参考情報とすることができます。

AIを使う目的やデータ・情報の前さばきの精度も上げよう

　今すぐ試せるAIのサービスやソリューション群に対して、やはり大切
なことは、どのような目的があるかです。

　また、AIは万能ではなく、入力するテキストデータや画像データ、に
よって出力結果が左右されてしまいます。

　AIという道具は今すぐにでも触り始められるので、上手く使いこなす
ためのデータや情報の前さばきの精度も高めることが大切です。

マルチパラダイムプログラミング言語
～思想をもってプログラムを書く～

世の中の「パラダイム」はバズワード的ですが、プログラミングの「パラダイム」は「思想」に近い意味があると思います。その上で、「マルチパラダイム」である必要とは？ 「パラダイム」の具体例を紹介していきます。

■ 清水美樹

プログラミングのパラダイム

■「パラダイム」とは

●もともとは「科学史」の用語

世の中ではよく「パラダイムシフトが必要だ！」などと叫ばれていますが、パラダイムとはギリシャ語で「見えるもの」を「決定する」という意味をもつそうです。

1960年台に、ある「科学史」の著書でこの用語が使われたのが、今のような使われ方のきっかけになりました。科学の「一定のものの見方が支配的な時代」をパラダイムという単位で区分したのです。最も顕著な例が「天動説から地動説」への「パラダイムシフト」でしょう。しかし、読者の誤解を多く招いたため、のちに著者自身が撤回したそうです。

●プログラミングのパラダイムとは

一方、パラダイムという考えをプログラミングの中で使うのは、割と分かりやすいでしょう。自然科学とは異なり、プログラミングの言語仕様はゼロから定義できますし、動作環境も「コンピュータ」という共通かつ限られたしくみの中です。

すでにある事象を「見る」というよりは、ゼロから「作る」「行なう」のが

コンピュータ。「作り方・行い方の思想」がプログラミングのパラダイムだと呼んでいいでしょう。

■ プログラミングのパラダイムの例

●構造化プログラミング

　今のプログラミングはほとんどが「構造化」されているので、「非構造化」の説明を先にしたほうが早いでしょう。

　「非構造化」というパラダイムでは、一行一行の内容が独立していて、上から下へ処理を進めます。

　各行には番号を付けておき、分岐や繰り返しでは、「GOTO命令」でその行へジャンプします。

＊

　それに対して、「データの記述」「処理の記述」などを、意味が切れない「文の集まり」にまとめて書いていくのが「構造化」というパラダイムです。

　if/forブロック、関数、クラス、メソッドなどを用いてプログラムを組み立てるので、実行時の処理が遠くの行へ飛んだり、また戻ったりします。

　今はGoTo文の使用は奨励されていません。「パラダイム」が「構造化」へとシフトして、前のパラダイムは、今のパラダイムに「非」をつけて呼ばれるようになったわけです。

●オブジェクト指向

　これは想像しやすいと思います。クラスからオブジェクトが生成し、メソッドを呼び出して処理をしていくプログラミングです。

●関数型

　「関数指向」と呼ばないのは、「オブジェクト指向」で初めて「指向」と言う用語が使われたからです。1980年代に「オブジェクト指向」がパラダイム化するほどに広がるまでは、プログラミングの構造化には関数が使

われていました。

　関数の特徴を意識して用いるプログラミングを意味するときは、「関数型」と呼ばれるようです。

●手続き型

「手続き」でないのは、構造体、クラス、オブジェクトなどの「データの記述」です。

　ただし、どんなプログラミングでも全く手続きを記述しなければ処理ができませんから、ほとんどのプログラミング言語はたとえば「手続き型と関数型のマルチパラダイム」ということになります。

●ジェネリックプログラミング

　ジェネリックプログラミングは、かなり狭い範囲での「パラダイム」ですが、新しい考え方であることと、プログラミング言語のよって採用する・しないの方針がハッキリしていることにより、パラダイムに数えられているようです。

　データの定義や処理にデータ型を特定しない書き方です。

　たとえば、引数や戻り値を文字列にも数字できるとか、1つのクラス定義から異なるデータ型のオブジェクトを作成できるように定義します。

マルチパラダイムとは

■ 単一のパラダイムはむしろムリ

●科学で言えば

　以上、パラダイムについて解説しましたが、実際はたった一つのパラダイムで世の中が動いて行くことはできません。地動説にパラダイムシフトしたはずの今でも、天文台が「日の出・日の入り」のデータを提供して、我々はなにかと参考にしています。

●プログラミングで言えば

　パラダイムの定義が簡単なプログラミングでさえ、1つのパラダイムで何もかも押し切ろうとすると、かえって面倒になります。

　すでに「手続き型」というパラダイムは実質的に普及しているプログラミング言語全てに当てはまると述べたとおり、なにかしらの「マルチパラダイム」であると言っていいでしょう。

●特に「マルチ」と呼ばれるのは

　その中で、あえて「マルチパラダイム」と呼ぶのは、対立的、対照的なパラダイムを両方取り入れたり、新しいパラダイムを明確な意志をもって導入した言語です。

　マルチパラダイムの元祖と言えば、C++であると言えます。

　C言語も使えるようにしながら、いろいろなパラダイムを取り込んで進化し続けていますが、複雑すぎるので今回は割愛します。

　本記事では、後発のもっと分かりやすい言語で、以下の例を紹介します。

・初めからオブジェクト指向と関数型を取り入れて設計している「Ruby」
・あとから関数型プログラミング「ラムダ式」を取り入れた「Java」
・プロトタイプベースの「オブジェクト」を記述するが、あとから「クラスベース」も取り入れた「JavaScript」
・創始時にはジェネリックプログラミングを採用しない方針だったが、あとから取り入れた「Go」
・関数型、オブジェクト指向の両方の仕様を備えたPythonのライブラリ「Matplotlib」

「Ruby」のマルチパラダイム

■「Ruby」のオブジェクト指向

●整数はオブジェクト、演算子はメソッド

「2」に「3」を足す式を「Ruby」で書くと、リスト1のようになります。

リスト1 「2に3を足す式」

```
2+3
```

他の言語とまったく変わらないようですが、実はリスト2の省略形です。

リスト2 正式な「2に3を足す式」

```
2.+(3)
```

リスト2は「Integerクラスのオブジェクト2が、メソッド+を呼び出す。引数は3」と解説されます。

■ Rubyの「関数」パラダイム

●トップレベルは関数で記述

リスト1とリスト2をそれぞれコンソールに出力させるプログラムは、リスト3で完成です。「add23.rb」というファイル名で実行してみてください。

リスト3「add23.rb」

```
puts(2+3)
puts(2.+(3))
```

リスト3の実行結果

```
5
5
```

リスト3のような簡単な書き方ですむのは、putsが「関数」だからです。

といっても、実は特別なメソッドで、「トップレベル（最初に実行される内容）のためにこのような関数的な使い方ができるように備えられています。

このように、Rubyは最初の設計から「オブジェクト指向」と「関数型」を両方取り入れて、文法を体系的に、かつ書きやすくしているのです。

■ Rubyの関数オブジェクト
●オブジェクトとしての関数
Ruby他、オブジェクト指向と関数型のマルチパラダイムをとる言語では、関数をオブジェクトとして扱います。

●3回繰り返すプログラム
「関数オブジェクト」は他のメソッドの引数として渡せます。
リスト2で見たように、Rubyでは数値もオブジェクトとしてメソッドを呼び出せます。そのメソッドの中にtimesがあります。
そしてtimesの引数は関数です。リスト4を「repeat.rb」という名で保存して実行してみましょう。

リスト4「repeat.rb」

```
3.times{
 puts("ケロ")
}
```

リスト4では、3がメソッドtimesを呼び出しています。timesのあとは{}で囲まれている「ブロック」のように見えますが、実はこれがtimesの引数に渡されている関数オブジェクトです。引数なので()に入っているべきですが、省略が許されています。

リスト4の実行結果

```
ケロ
ケロ
ケロ
```

このようにして、「Ruby」では、オブジェクト指向を徹底しながら、記法の省略によって、従来の記法のように見せています。

Javaのマルチパラダイム

■ Javaのオブジェクト指向

●クラスの定義のみからなるプログラム

Javaには「トップレベル」がなく、プログラムはクラスの定義のみで構成されます。そこで、Javaで「2+3」をコンソールに出力させるプログラムは、リスト5のようになります。

リスト5　Javaで2+3の結果を出力

```
package twothree;

public class Twothree {
    public static void main(
    String[] args) {
        System.out.println(2+3);
    }
}
```

Javaの実行時には、プログラム全体がオブジェクトとして生成し、mainメソッドが最初に呼び出されます。

そのため、以下のような必要が生じ、プログラムは長くなります。

クラス名が他と重複しないように、パッケージ名が必要。
最初に呼び出されるmainメソッドが必要。

出力には標準出力のオブジェクトSystem.outがメソッドprintlnを呼び出す。

●オブジェクト指向から外れる点もあり
一方で、Javaには「オブジェクトでないデータ型」もあります。

2や3のような数値は「プリミティブ型」で、データサイズだけを情報として持ちます。一方、+は「演算子」という記号です。

このように完全な「オブジェクト指向」パラダイムからは外れるところがあります。

■ Javaの関数パラダイム
●Java8から導入された「ラムダ式」
そんなJavaですが、2014に発表された「Java8」で、はじめて「関数プログラミング」に相当する「ラムダ式」を導入し、大変な好評を得ました。
ラムダ式はリスト6のようなものです。

リスト6　Javaのラムダ式の例

```
(a, b)->System.out.println(a+b)
```

引数a, bから、a+bの計算を行なって書き出す関数です。型定義も省略できます。
ただし、実際の使い方はリスト7のようになり、あまり簡単ではありません。

リスト7　ラムダ式の実際の使い方

```
package uselambda;

public class UseLambda {
    interface MyFunc{
        public void add(int a, int b);
    }
  public static void main(
  String[] args) {
        MyFunc fun =
  (a, b)->System.out.println
    (a+b);
        fun.add(2, 3);
    }
}
```

JavScriptのマルチパラダイム

■ JavaScriptのオブジェクトとは

●JavaScriptの関数

　JavaScriptはリスト8のように関数を記述します。これは、ブラウザで
アラートウィンドウを出す典型的なテストプログラムです。

リスト8JavaScriptの典型的な関数記述

```
function doAlert(){
 alert("典型的")
}
```

●JavaScriptのオブジェクト

　JavaScriptで「オブジェクト」と呼んでいるのは、リスト8のように属

性にデータを設定済みのものです。ただし、関数もやっぱりオブジェクトであり、属性値として与えることができます。**リスト8**は、本のタイトルとその中で面白い内容のページを紹介するものです。

リスト8　JavaScriptのオブジェクト

```javascript
const book={
 title: "パラダイム・ロスト",
 comment: function(pages){
   return this.title+
   "の"+
   pages+
   "ページ目がおもしろい";
 }
}


function doAlert(){
 alert(book.comment(58)); }
```

図3-5-1　リスト8の関数 doAlert() を実行した結果

●プロトタイプベース

リスト8の「オブジェクト」は「オブジェクト指向」と別の発想ではありません。むしろ、もっと古くからあった「クラス」を廃した「プロトタイプベース」のオブジェクトです。

枠組みだけのクラスを定義してそこから初期化してオブジェクトを作

成…という手順を踏まなくとも、オブジェクトをひとつ作って、そこから同じ形で属性の値が異なる別のオブジェクトを複製していきます。

　プロトタイプベースはパラダイムとして扱われていないようですが、JavaScriptの登場時にはパラダイムシフトを目指したのではないでしょうか。

●オブジェクトの複製
　では、どうやってプロトタイプベースのオブジェクトを複製するのでしょうか。リスト8のオブジェクトbookと形は同じで、属性titleだけが異なる新しいオブジェクトnoteを作ってみましょう、リスト9のようにします。

リスト9　プロトタイプベースのオブジェクトの複製方法

```
let Book=function(title){
 this.title=title;
 }
Book.prototype=book;
let note=new Book("ロータス・ノート");
```

　リスト9で、関数オブジェクトに備わっている属性prototypeの値に、複製元のオブジェクトを渡します。ですから、リスト10にみられるような典型的なJavaScriptの処理は、元から備わっているオブジェクトを複製したり、複製したオブジェクトの属性を変更しているのだとわかります。

リスト10　オブジェクトを複製したり、複製したオブジェクトの属性を変更している

```
let today= new Date()
....
element.innerHTML="OK"
```

■ JavaScriptでもクラスが定義できる

●「ES6」から可能に

それでもやっぱり、リスト9で行なったようなオブジェクトの複製法は煩雑と受け取られたようです。

2015年に策定された「ES6」と呼ばれる仕様から、JavaScriptでも他のオブジェクト指向プログラミングと同じようにクラスを定義してオブジェクトを作成できるようになりました。

こうして「JavaScript」は、「プロトタイプベース・クラスベースのオブジェクト指向」、そして「関数型」と、3つのパラダイムをもつようになったと言えるでしょう。

加えて、「手続き型」もあります。なかなかのマルチぶりです。

「Go」のマルチパラダイム

■「Go」の関数とメソッド

●Goのデータ記述は構造体

Googleによって開発されたプログラミング言語GoはC言語をベースにしていますので、データの記述もクラスではなく、リスト11のように定義する構造体です。

リスト11　Goの構造体

```
type book struct {
  title string
  page int
}
```

●Goの関数

「Go」は基本的に関数型です。たとえば、リスト11の構造体に対してリ

スト12のような関数を用います。

リスト12　構造体を用いる関数

```
func comment(b book) string {
  return b.title+"の"+
  strconv.Itoa(b.page)+
  "ページが面白い"
}


func main() {
  b := book{"GoGoパラダイム", 42}
  fmt.Println(comment(b))
}
```

●Goのメソッド

　Goではクラスを定義しませんが、メソッドも定義できるのがCと違うところです。変数を引数として渡さず、処理を呼び出す形にできます。リスト12の内容をそのままメソッドで表すと、リスト13のようになります。

リスト13　commentをメソッドとして定義

```
func (b book) comment() string {
  return b.title+"の"+
  strconv.Itoa(b.page)+
  "ページが面白い"
}
func main() {
  b := book{"GoGoパラダイム", 42}
  fmt.Println(b.comment())
}
```

■ Goのジェネリック
●ジェネリックの例

　他のプログラミング言語ではすでに取り入れられているジェネリックプログラミングですが、Goでは言語の創始当時、「プログラムを複雑にする」という理由で採用しない方針を明らかにしていました。しかし、要望が多かったらしく、Go1.18から採用になりました。

　リスト14は、Goによるジェネリックプログラミングの例です。関数headは、配列の要素のデータ型に関わらず、とにかく配列の最初の要素を戻します。

リスト14　Goのジェネリックプログラミング

```go
package main

import "fmt"

func head[T any](s []T) T {
// とにかく配列の最初の要素を戻す
  returns[0]
}

func main() {
  // 整数でも
  si := []int{2, 4, 6, 8}
  fmt.Printf("最初は%d\n",
    head(si))

  // 文字列でも
  ss := []string{"ヒヒン", "ワン",    "ニャオ"}
  fmt.Printf("最初は%s\n",
```

```
    head(ss))
}
```

リスト14の実行結果

```
最初は2
最初はヒヒン
```

●ジェネリックでも値の種類に制限

　ジェネリックで「プログラムが複雑になる」という理由は、処理のできないデータ型の値を与えてしまったときにエラーになる危険があるからです。

　リスト14では、関数Printfで整数を書き出すか文字列を書き出すかで、処理の記述が異なっており、そこは「ジェネリック」にはしてありません。

　そこで、「Go」ではジェネリックといっても、ある程度渡すデータの種類を制限できます。**リスト14**では、ジェネリック関数head の引数Tの規制は「any」で、何でも良いことにしてありますが、リスト15のように「comparable」で規制すると、等価や大小の比較ができるデータの種類に限られます。

リスト15　引数のデータの種類を comparable に規制

```
func someFunc[T comparable](x []T,) {
 //.....
}
```

「Python」のマルチパラダイム

■ Pythonの関数

●なにかに「3」を足す関数

　Python も関数とオブジェクト指向のパラダイムでプログラミングを行えます。**リスト16**は、なにか（整数）に「3」を足す関数の定義と、その実

行例です。「5」が出力されます。

リスト　16 python の関数例

```python
def add3(a):
    return a+3


#2に3を足す
print(add3(2))
```

●Pythonのパラダイムシフト？

2008年にPython3が登場したとき、それまでのPython2との間に、大きな変化がありました。

リスト16でも用いたprintは、Python2では関数ではなく「キーワード」で、リスト17のような「print文」で出力をさせていました。

リスト17　Python2でのprint文

```python
print add3(2)
```

しかし、Python3からは関数として、引数をカッコで入れなければなりません。

「必要がなくなる」変化なら歓迎ですが、「必要になる」変化は厄介なものです。Python2に慣れていた人は、Python3で出力をさせるたびに、「カッコのあるなし」というパラダイムシフトに直面したのではないでしょうか（筆者はしました）。

■ Pythonのクラスとメソッド
●なにかに「3」を足すクラス

一方、なにかに「3」を足すメソッドaddを呼び出せるオブジェクトを作ってみましょう。クラスN_adderの定義は、リスト18のように書けます。

リスト18 pythonでのクラス定義

```
class N_Adder:
    def __init__(self, n):
        self.n=n
    def add(self, a):
        return a+self.n
```

Pythonのクラス定義では、インスタンスメソッドの引数にオブジェクト自身である「self」を変数に入れなければなりません。このルールがないJavaやC#などに慣れていると、しょっちゅう間違えるのではないでしょうか。他の言語からPythonに移行すると、小さなパラダイムシフトを迫られることが度々あるようです。

しかし、オブジェクトの作成とメソッドの呼び出しは、リスト19のように他のオブジェクト指向言語と変わりません。

リスト19 pythonの関数例

```
three_adder=N_Adder(3)
print(three_adder.add(2))
```

■ Matplotlibの見事なマルチパラダイム
●関数的な書き方とメソッド的な書き方

Pythonでグラフを描画する有名なライブラリMatplotlibでは、同じ目的の「関数」と「メソッド（Axisなどのクラスで定義）」が両方用意されています。

リスト20とリスト21で作成されるのは、タイトル文字列以外はまったく同じグラフです。

リスト20　Matplotlibの関数でグラフを記述

```python
import matplotlib.pyplot as plt

#全部pyplotモジュールの関数
plt.figure(figsize=(4,6))
plt.plot(x, x**2, label ='Sample')
plt.xlabel('X')
plt.ylabel('X*X')
plt.title("Function paradigm")
plt.legend()
```

リスト21　Matplotlibのメソッドでグラフを記述

```python
#これは関数
fig, ax = plt.subplots(figsize=(4,6))

#全部axオブジェクトが呼び出すメソッド
ax.plot(x, x**2, label ='Sample')
ax.set_xlabel('X')
ax.set_ylabel('X*X')
ax.set_title("OO-paradigm")
ax.legend();
```

＊

●「マルチ」の中心はオブジェクトVs関数

　以上の例に示したように、「マルチパラダイム」の話題の多くは、オブジェクト指向と関数型両方の採用です。

●パラダイムを混在させない

　実際にプログラムを書くとき、パラダイムを混在させるのは好ましくありません。

　たとえばPythonでグラフを複数書くのに、あるグラフは関数で、他はメソッドでと、まちまちな書き方では混乱がおこります。

　また、JavaScriptでオブジェクトを一つしか作成しないのであれば、わざわざクラスを定義するより、プロトタイプベースで十分と考えられます。

　プログラミングのパラダイムはプログラミングの思想に相当しますから、思想を持ってプログラムを書きたいものです。

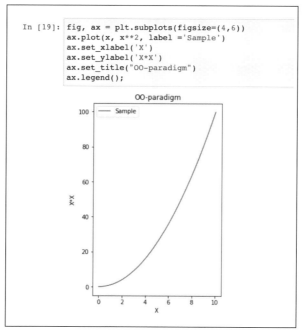

```
In [19]: fig, ax = plt.subplots(figsize=(4,6))
         ax.plot(x, x**2, label ='Sample')
         ax.set_xlabel('X')
         ax.set_ylabel('X*X')
         ax.set_title("OO-paradigm")
         ax.legend();
```

図3-5-2　リスト21のほうで描画したグラフ
リスト20でもまったく同じグラフが描ける

第4章

その他の技術

　PCを利用する上で知っておきたい「ウイルス」は、インターネットが普及する前は"子供のいたずら"程度のものでしたが、現在では「多額の金銭を要求」したり、「人や会社を社会から抹消する」ような、凶悪なものまで発生しています。

　また、ドローンを含むロボットの進化はすさまじく、多くのロボットが日常の生活の浸透してきています。

　本章では、知っておきたい「ウイルスとセキュリティ」の現状と、「ロボット」や「ドローン」の最新技術を紹介していきます。

「ウイルス」と「セキュリティ」の変遷

～ウイルスの進歩はユーザーの意識をどう変えたか～

この30年で、コンピュータを中心とするIT技術は長足の進歩を遂げました。

しかし、その裏側で、闇のIT技術である「コンピュータ・ウイルス」も、かつてとは比較にならないほど凶悪な存在へと変貌しています。

■ 御池 鮎樹

黎明期の「コンピュータ・ウイルス」

「コンピュータやネットワークに害を与えるプログラム」という概念は、コンピュータの誕生とほぼ同時期から存在しましたが、それが初めて現実のものとなったのは、1971年に作ら成された概念実証プログラム、「Creeper」だと言われています。

*

「Creeper」は、「I'M THE CREEPER. CATCH ME IF YOU CAN!」というテキストを表示するだけの無害なプログラムで、とあるIT企業の研究者の手によって実験目的で作成されました。

しかしながら、「Creeper」は自己複製機能を備えており、インターネットの前身である「ARPANET」上で作成者の予想を超えて拡散し、当時のIT技術者たちを驚かせました。

とは言え、「Creeper」が登場した当時はまだ「メインフレーム」中心の時代で、コンピュータ自体が一般ユーザーとは縁遠いものでした。

そのため、「Creeper」以降もいくつか、現在のウイルスの祖先にあたる

プログラムが実験的に作成されたものの、「ウイルス」が現実的な脅威と見られることはありませんでした。

図4-1-1 「Creeper」が表示するテキスト

しかし、1986年末、ドイツのハッカー集団「カオス・コンピュータ・クラブ」で、実行可能形式である「COMファイル」に感染するウイルスに関する発表が行なわれたことで、ウイルスの脅威は跳ね上がります。

ウイルス作成の難易度が下がり、その数が急増したからです。

＊

先駆けとなったのは、1987年に登場した「Vienna virus」です。「Vienna virus」はIBM PCを標的とし、「COMファイル」に感染するウイルスで、ソースコードが一般公開されたため、後に多くの亜種や模倣ウイルスが作られることになりました。

同様に、同年登場した「Stoned」や「Cascade」、「Jerusalem」(Friday the 13th)といったウイルスも、多くの亜種が作成され、長期間に渡って被害を拡大しました。

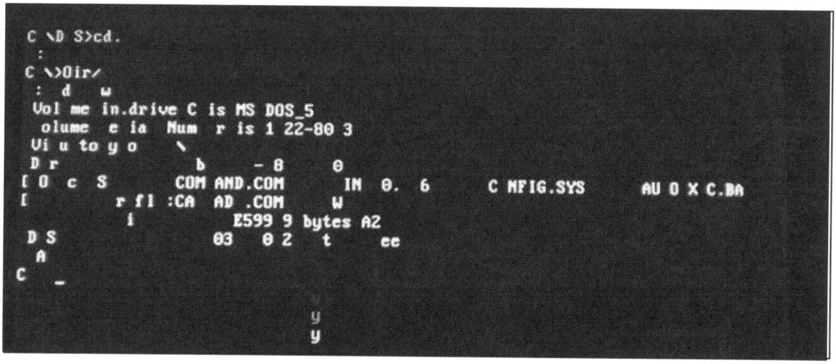

図4-1-2 感染すると、画面上の文字が崩れ落ち、
コンピュータが操作不能になる「Cascade」(Kaspersky社より)

131

また、「ワーム」が登場したのもこの時期です。1987年に「Christmas Tree」、1988年に「Morris worm」と、相次いで2つの「ワーム」が登場。

特に後者は、世界中で数千台のサーバをダウンさせ、1千万〜一億ドルもの被害を出したと言われています。

＊

なお、「Morris worm」の大きな被害は、ネットセキュリティの重要さを世に知らしめ、各国政府は相次いで、ネットセキュリティの監視や調査を行なう組織「CSIRT」を設立。民間でもSymantec社の「Symantec Antivirus」など、一般向けのセキュリティソフトが発売されるようになりました。

Windows 時代の到来

1980年代後半以降、危険なウイルスがいくつか登場したことで、ウイルスは現実的な脅威として認識されるに至ります。しかし、それでもまだこの時代、ウイルスの脅威は極めて限定的でした。

なぜなら、コンピュータ自体が限られたマニアと専門家だけの、特殊な道具だったからです。

＊

しかし、1990年代、そんな環境を激変させる製品が発売されます。言うまでもなく、Microsoft社の「Windows」です。

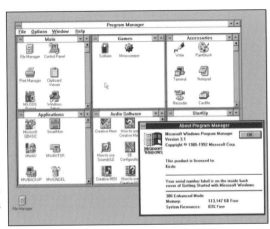

図4-1-3　PCコンピュータを誰もが使える道具に変えた「Windows 3.1」

■ ウイルスを凶悪化させた「Windows」と「インターネット」

1992年に発売され、全世界で一億本を出荷した「Windows 3.1」と、1995年に発売されて2億本を売り上げた「Windows 95」は、コンピュータを取り巻く世界を一変させました。

それまでは限られたマニアと専門家だけの特殊な道具だったコンピュータが、多くの一般人が所有し、仕事その他で日常的に利用するツールとなったからです。

＊

しかし一方で、「Windows」と、「Windows」を利用すれば簡単に利用できる「インターネット」の存在は、開けてはならぬ "パンドラの箱" を開く鍵にもなってしまいました。

標的のOSや機種に応じて細かく設計を変更する必要があったウイルス開発は、「Windows」を標的にすることで、簡単に大量の犠牲者を攻撃することができるようになり、また「インターネット」や「メール」を利用すれば、ウイルスを簡単に拡散できるようになったからです。

その結果、ウイルスがもたらす被害は、Windows以前とは比較にならないほど大きなものとなりました。

たとえば、各国政府に「CSIRT」の設立を促した「Morris worm」や、1992年に登場し、一部でパニックになったウイルス「Michelangelo」の被害端末数は、いずれも数千台程度と言われています。

それに対して、1998年に登場したファイル感染型ウイルス「Chernobyl」(CIH)は、韓国だけで100万台のコンピュータに感染し、推計2億5千万ドルもの被害を出しました。

加えて、「電子メール」という格好の感染拡大手段を得たことで、1999

年には「Happy99」「Melissa」、2000年には「LOVELETTER」、2001年に
は「Anna Kournikova」「Sircam」と、
メール経由で拡散する「ワーム」が
立て続けに登場して爆発的に拡散し
ました。

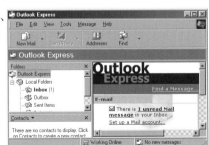

図4-1-4　「Windows 98」に実装後、長くWindo
ws標準メーラーとなった、「Outlook Express」

　いずれも、さして高度な技術が使われているわけではないのに、短い時
間で、数百～数千万台もの端末に汚染し、サーバを麻痺させるなど、大き
な被害を出しました。

■ 覆った「セキュリティ」の常識

　そして2001年になると、それまでの「セキュリティ」の常識を覆すよう
なウイルスが登場します。
　「ネットに接続しているだけ」「Webサイトを見るだけ」「メールを開く
だけ」で感染するウイルスです。

＊

　それ以前のほとんどのウイルスは、最初の感染時に「ファイルを開く」
「プログラムを実行する」といったアクションが必要でした。
　つまり、ユーザーが充分に気を付けていれば、ウイルスの大半は防ぐこ
とが可能だったのです。

　しかし、2001年に登場した「Code Red」「Code Red II」「Nimda」や、
2003年の「SQL Slammer」「MSBlast」(Blaster)、2004年の「Sasser」と
いったワームは、「Windows」の脆弱性を悪用することで「ネットに接続
しているだけ」で感染します。

　また、「Klez」のように、やはり「Windows」の脆弱性を悪用することで、

「メールを開いただけ」で感染するウ
イルスも登場し、セキュリティの常
識は一変していまいました。

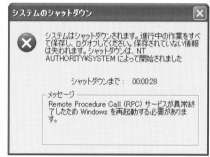

図4-1-5 「ネットに接続しているだけ」で感染する
「MSBlast」のエラーメッセージ（※富士通社のサ
ポートページより）

　この種の新しいウイルスは、ユーザーの注意力だけでは防ぐことがで
きません。
　そのため、Microsoftは2000年に発売した「Windows ME」で、「Windo
ws」の脆弱性を自動的に修復（アップデート）する「Windows Update」に
よる自動更新機能をOSに標準搭載しました。

　旧製品である「Windows 2000」や「Windows 98」についても、別途コン
ポーネントをインストールすることで、「Windows」を自動更新できるよ
う対策を講じました。

　加えて、2000年ごろからは個人ユーザーの間でもセキュリティ対策が
必須とされるようになり、以後、「セキュリティソフト」の出荷数は急増し
ていきました。

「闇のビジネスツール」となった「ウイルス」

　「Windows」と「インターネット」の普及により、ウイルスはそれまでと
は比較にならないほど危険な存在へと変貌しました。
　ですが、それでも、2000年頃までのウイルスは、今のウイルスよりははは
るかにマシな存在だったと言えます。

　なぜなら、被害こそ大幅に拡大したものの、依然として多くのウイルス

は、「いたずら」や「自己顕示欲」、あるいは何らかの「意見表明」と言った
ものを目的としており、そうでないウイルスも、狙いはスパムメール送信
用のメールアドレス程度。

　開発者も「個人」、あるいは「少数のグループ」といった小規模なものが
大半だったからです。

　たとえば、世界中のネットワークを麻痺させた「Code Red」は、「Hack
ed By Chinese!」という文字を表示したことから、おそらくナショナリズ
ムを目的としたものと思われますし、「MSBlast」は、その名のとおり、Mi
crosoft社を「儲けすぎ」と批判し、その製品の脆弱性を嘲笑う、"ハクティ
ビズム"的なワームでした。

　また、「Anna Kournikova」はその名が示すとおり過激なファンの暴走
ですし、「SQL Slammer」はその凶悪な感染力とは裏腹に、特に破壊活動
を行なわない、おそらく実験目的と思われるワームでした。

　ですが、インターネットの普及が進み、ネットワーク上で経済活動が行
なわれるようになると、ウイルスの性質あっという間に一変してしまい
ました。
　ほとんどのウイルスが金銭、あるいは」金銭に直接つながる情報を狙う
ようになったのです。

■ ネット銀行のアカウントを狙う「バンキング・マルウェア」

　まずは、「バンキング・マルウェア」です。

*

　インターネット上で「銀行口座」を管理し、金銭をやり取りできる「イ
ンターネット・バンキング」のサービスが始まると、すぐに「インターネッ
ト・バンキング」のアカウント情報を狙うマルウェアが登場しました。
　これが、「バンキング・マルウェア」です。

*

　「バンキング・マルウェア」は複数ありますが、もっとも悪名高いのは2007年にその存在が確認された「Zeus」でしょう。

　「Zeus」は、実はマルウェアそのものの名前ではありません。「バンキング・マルウェア作成ツール『ZeuS』」と、「ZeuS」で作られたバンキング・マルウェア『Zbot』」、そして、「『Zbot』で構成されるボットネット」を含む、「インターネット・バンキング」のアカウント情報を攻撃するネット犯罪システム全体の名称が「Zeus」です。

　「ZeuS」を利用すれば誰でも簡単に、「バックドア」や「キーロガー」「Webインジェクション」といった、高度な機能を備えたバンキング・マルウェア「Zbot」を作成し、他人のアカウント情報を攻撃可能になります。

　そのため、「Zeus」はネット犯罪者の間で非常に人気の高い"商品"となり、発見から15年が経過した現在も、「Zeus」やその亜種による被害は継続しています。

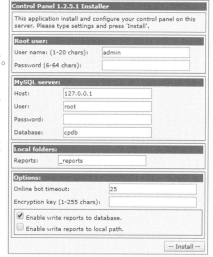

図4-1-6　バンキング・マルウェア「Zeus」のコンソール（※BlackBerry Blogより）

　ただし、「バンキング・マルウェア」の被害は、現在でも継続してはいるものの、2014～2015年頃をピークに、徐々に減少しつつあります。

　これには理由が2つあり、一つは「ワンタイム・パスワード」の導入など、「インターネット・バンキング」側の対策が進んだからです。

　では、もう一つの理由はなんでしょうか。結論から言うと、より効率の良い別の手法が登場したからです。

■ 猛威を奮う「ランサムウェア」

　「バンキング・マルウェア」より効率の良い別の手法とは、言うまでもなく、現在もっとも恐るべき脅威となっている、「ランサムウェア」（Ransomware）です。

　「ランサムウェア」は、実はそれほど新しい犯罪手口ではありません。

　世界初の「ランサムウェア」は、1989年に発見された「AIDS Trojan」と言われています。

　「正規ソフトを装って郵便でマルウェアを送付する」というアナログな送付手段こそ隔世の感がありますが、コンピュータ内部のデータを強制的に暗号化して"人質"にとり、復号手段の提供と引き替えに金銭を要求するという基本的な手口自体は、現在の「ランサムウェア」とほとんど変わりません。

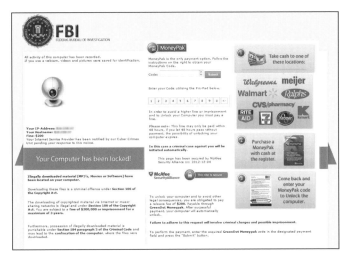

図4-1-7　司法機関に偽装することから「ポリスランサム」
とも呼ばれる「Reveton」（※Microsoft Security Intelligenceより）

とは言え、「ランサムウェア」の被害が急増するのは、やはりインターネットが普及し、ネット上でのデジタル決済が可能になってからです。

2005年の「GPCode」、2008年の「WinLocker」、2011年の「Reveton」といった「ランサムウェア」は、インターネットという容易な配布手段とデジタル決済によって大きな成功を納め、特に「WinLocker」は、百数十万人の被害者から1,600万ドルもの金額を荒稼ぎしたと言われています。

そして、2013年に「CryptoLocker」が、身代金支払いに「ビットコイン」を利用して3千万ドル近い金額を稼ぎ出すと、以後「ランサムウェア」は「仮想通貨」を利用するようになって、被害はさらに拡大。

2017年に世界中を大混乱に陥れた「WannaCry」は、世界150カ国以上で約23万台ものコンピュータを暗号化し、総額40億ドルという途方もない金額の被害を出すに至りました。

図4-1-8 未曾有の被害を出した「Wannacry」の身代金要求画面 (※トレンドマイクロより)

　加えて、最近の「ランサムウェア」は、コンピュータ内部のデータを暗号化すると同時に内部データを盗み出す例が多く、盗み出したデータを売却したり、ネット上で暴露すると脅してさらに金銭を強請り取るなど、手口がますます凶悪化しています。

　日本でも今年11月、大阪急性期・総合医療センターが被害に遭って業務が麻痺するなど、大規模な被害事例が相次いでおり、その脅威はいっこうに衰える気配すらないのが実情です。

＊

　……AIによる自動運転、VR技術を利用した「メタバース」、人体と機械を接続する「ブレイン・マシン・インターフェース」(BMI)など、IT技術の進化は留まるところをしりません。

　ですが、IT技術の発展は、イコール、その闇の部分であるウイルスの脅威の増大でもあります。

　現在ではウイルスを軍事兵器として利用する例も珍しくなくなっており、ウイルスはすでに、金銭だけでなく、人命すら左右する存在となりつつあります。

　残念ながら今後もウイルスの脅威は、ますます大きなものになっていくと覚悟せざるを得ません。

4-2

生活に溶け込む「ロボット」と「センサ」

～半導体製造技術とあゆむロボット技術の進化～

この30年で、「半導体製造技術」は大幅に進歩しました。
その結果、かつてSFで描かれていたような「ロボット」や「デバイス」のいくつかは実現し、利用できるようになっています。

■ 本間 一

ロボット開発

■ 極限作業ロボット

1980年代から1990年代初頭には、「四脚歩行ロボット」や「自走式ロボット」の開発が進められました。

「通商産業省」（現経済産業省）は1983年、ロボットの開発を推進する、「極限作業ロボットプロジェクト」を発足。
このプロジェクトでは、「原子力発電所」、「海洋石油生産施設」、「災害時の火炎現場」など、主に危険を伴う場所で稼働するロボットの開発を目指しました。

＊

日立は、極限作業ロボットの「脚移動機構」の開発を担当し、1990年には原子力プラント内で作業する、電動の四脚歩行ロボットを完成させました。

「ロボット脚」の動作原理は、「馬」の歩行運動の解析結果がもとになっています。

図4-2-1　極限作業ロボット

　「極限作業ロボット」の重量は約700kg。サイズは1270L×715W×1880H。施設内の扉を通過できるサイズになっていて、階段を昇降できます。

＊

　操縦者は安全な場所にいて、ロボットを遠隔操作します。ロボットの動作には自律制御の支援があり、操縦者は目的の作業に集中して操作できます。

　「極限作業ロボット」の上半身には、カメラユニットと2本の「マニピュレータ」(ロボットアーム)が装備されていて、「人型ロボット」の形態です。

■「協働ロボット」の登場

　1990年代は、半導体の開発が加速した時代。「半導体工場」で働くロボットの早急な開発が求められ、「マニピュレータ」を装備し、細やかな作業を行なえるロボットが登場しました。

＊

　半導体には大小さまざまな製品がありますが、その中で特に精密なIC(集積回路)の製造では、微細なホコリの付着によって、不良品が発生してしまいます。

　「半導体工場」には、徹底的にホコリの侵入を防ぐ「クリーンルーム」があります。そのような工場では、多くの「自走式ロボット」が活躍してい

す。クリーンルームで働くロボットは、トコトコ歩くロボットよりも、静かに滑るように走行するロボットのほうが向いています。

＊

初期の「自走式ロボット」は、物を運んだり、比較的単純な作業を繰り返したりする役割を担っていました。

もちろん、そのようなロボットは今でも稼働していますが、近年では「人とロボットが協力して働く」というコンセプトの「協働（協調）ロボット」が稼働し始めています。

＊

「人」と「ロボット」では、それぞれ特性が異なります。

「人」は柔軟な対応や創意工夫が得意。「ロボット」は、精密な作業を迅速にこなし、単純作業を休み無く長時間続けられるという特性があります。

また、「両手が塞がった作業員」をロボットがサポートしたり、「危険が伴う作業」をロボットに任せたりするなど、状況に合わせた協働体制を採れます。

図4-2-2　移動式協働ロボット／スタンダード・ロボット

■ ロボットの進化

「人型ロボット」の開発では、人の上半身を模したロボットは比較的早期に開発されています。

　しかし、人のように歩行できるロボットの開発には時間がかかりました。

＊

　人が立って歩く際には、その姿勢を保つために、無意識に重心を移動させてバランスを保ちます。

　初期の人型ロボットでは、足を大きくして、転ばないようにしていました。

　現在では、姿勢制御の技術が進み、スムーズに歩いたり走ったりする人型ロボットが登場しています。

＊

　2011年には、ホンダが開発した二足歩行ロボット、「ASIMO」（アシモ）が発表され、2014年には、ソフトバンクロボティクスが開発した人型ロボット「Pepper」が発表され、話題になりました。

　これら2種のロボットの特徴は大きく異なりますが、「人とのコミュニケーションを図りながら役立つロボット」という共通点があります。

＊

　「ASIMO」は「予測運動制御機能」をもち、スムーズに階段を昇降できるような運動能力をもっています。

　また、「視覚」と「聴覚」のセンサを連動させて、周囲の状況に合わせて行動する、「自律制御能力」をもっています。

　一方、「Pepper」は、人の感情を理解してコミュニケーションを図るというコンセプトのロボットで、「ASIMO」のような運動能力はありません。

　たとえば、「Pepper」の手は、ほとんど握力がななく、主に身振りを示すために使われます。

　「Pepper」の脚部には、3つのボール型のタイヤで構成される「オムニホイール」を装備し、360度すべての方向に進めます。

図4-2-3　ASIMO ／本田技研工業

図4-2-4　Pepper ／ソフトバンクロボティクス

　近年のロボットの中で、最も驚きをもって注目を集めたのは、アメリカのボストンダイナミクスが開発したロボットでしょう。

　ボストンの主なロボットには、二足歩行と四足歩行のタイプがありますが、そのどちらも卓越した運動能力をもっています。
　人型ロボットは斜面を走り回り、障害物を軽やかに飛び越え、バク宙を

することもできます。

　犬のような四足ロボットは、重い荷物を運び、特定の人に付いて歩くなど、自律的な判断能力をもっています。

図4-2-5　華麗なダンスを披露する高性能ロボット
動画「Do You Love Me?」より
YouTube：Boston Dynamics チャンネル

IoTを振り返る

■ IoTの提唱者

　イギリスの技術者ケビン・アシュトン氏は、1999年、あらゆるモノにセンサが搭載され、それがインターネットに接続されて物理世界の利便性を高めるという概念を説明し、それを「IoT」(Internet of Things, モノのインターネット)と名付けました。

*

　ただし、当時の「IoT」は、主に「RFID (Radio Frequency IDentification)タグ」を用いた商品管理システムを指していました。

　「RFID」とは、「タグ」(値札)に極薄のアンテナやIC回路などを埋め込み、至近距離の無線通信でタグの情報を読み取るシステムです。

　その後、携帯電話の普及を経て、大多数の人がスマホを持つようになると、「IoT」という言葉は、ネットワークにつながるすべてのものを指す概念として使われるようになりました。

■ 浸透するIoT

　日本では2016年4月、特定通信・放送開発事業実施円滑化法が改正され、第五条に「インターネット・オブ・シングスの実現」の記述が追加されました。

　そこには、IoT関連の技術や施設などに関する事業を「新技術開発施設供用事業」と定め、それを支援し、推進する旨が記載されています。

　そのような法規は、社会現実を後追いして制定されるのが常です。
　まず家電にネットワーク機能が搭載されるようになり、やがて交通システムや自動車などもネットにつながるようになりました。

＊

　「IoT家電」が登場したころには、IoT関連の情報が多く出されていましたが、最近では取り立ててIoTを話題にすることは少なくなりました。
　それはIoTが廃れたわけではなく、すっかり社会生活に浸透した存在になっていることを表わしています。

■ カメラとセンサ

　ライブカメラ、防犯カメラ、車載カメラなど、リアルタイムに稼働するカメラは、この30年で最も増加したデバイスの1つです。

　防犯カメラは昔からある映像システムですが、その設置場所は、金融機関、パチンコ店、ショッピングモールなど、主に屋内に限られていました。
　現在では、繁華街などを中心に、至る所に防犯カメラが設置され、映像データはネットワーク接続で管理されています。

＊

　防犯カメラなど、かつての映像システムでは、映像と音を扱うだけでし

た。この30年でカメラデバイス大幅な変貌を遂げました。

　カメラデバイスは使用目的に合わせて、複数のセンサを搭載可能です。それらのセンサから収集した情報はネットワーク転送され、サーバによって高速に自動処理されます。

　カメラの映像情報は、ディープ・ラーニングによって、より高度で効率的な画像処理ができるようになりました。

　その技術は、半導体部品などの不良品判別や、自動運転の物体認識などで利用されています。

ドローンの歴史と未来
～ Amazon のドローン配送計画～

現在、一般に「ドローン」と呼ばれる機体の歴史は浅く、ようやく登場から十数年を過ぎたところです。しかし、ドローンという名称は、世界大戦の時代から使われています。

■ 本間 一

ドローンの由来

　現在では、単に「ドローン」と言えば、水平に取り付けられた4基（またはそれ以上）のローターで飛行する機体をイメージします。

　しかし、それは狭義の意味のドローンであり、「マルチコプター」とも呼ばれます。本来のドローンは、無人航空機 (UAV, Unmanned Aerial Vehicle) を指します。

＊

　「ドローン」という言葉の由来には、2つの説があります。

■ ミツバチの羽音に由来する説

　ドローン (drone) は、「ミツバチの雄蜂」という意味で、それに由来して「ブンブン」とか「ブーン」という意味もあります。UAVの飛行音が蜂のようだったので、ドローンと呼ぶようになったという説です。

■ イギリスの訓練用飛行機に由来する説

　イギリスが1930年代に製造した複葉機「デ・ハビランド DH.82 タイガー・モス」は、軍や民間の初等練習機として使われました。愛称の「タイガー・モス (Tiger Moth)」は、昆虫のヒトリガ（火取蛾）という意味です。

　イギリスはタイガー・モスを無線遠隔操縦できるように改造し、標的として対空射撃の訓練に使いました。その機体は「クイーンビー（女王

蜂)」と呼ばれ、その呼称が転じて「ドローン」と呼ばれるようになったとされています。

図4-3-1　DH.82A タイガー・モス

　最初は「ブンブン野郎が来たぜ！」という感じで、兵士の会話の中でドローンという言葉が使われ始め、次第に「UAV＝ドローン」という認識が定着したのかもしれません。

最初のドローン

　世界初のマルチコプター型ドローンは、Parrot（パロット）が開発した「AR.Drone」だと言われています。

　Parrot本社はフランスのパリにあり、ワイヤレス機器メーカーとして1994年に設立。2017年からは、ドローンの専門メーカーになりました。Parrotはオウムという意味。鳥の名を冠した企業がドローンを創ったというのは、なんともドラマチックな話です。

　「AR.Drone」は2010年1月、ラスベガスで開催された電子機器の見本市「CES（Consumer Electronics Show）」で発表されました。
　「AR.Drone」は、ブラシレスモーターで駆動する4基のローターを装備し、Wi-Fiで接続してスマホで操縦できます。
　電源にはリチウムポリマー電池を使い、飛行可能時間は約15分。機体前

方に、VGA（640x480ドット）解像度、15fpsの小型カメラを装備し、飛行映像をスマホに表示できます。

プロペラガードを装備した状態で、サイズは52.5×51.5cm。重量はわずか400g。飛行速度は最大約18km/hです。

制御基板には、加速度センサ、ジャイロスコープ、カメラなどのセンサ類を装備。そのカメラは下方を映します。解像度は176x144ドットと低いですが、60fpsという高フレームレートで光を検知して機体速度を測定します。

4基のローターやセンサによる機体制御など、「AR.Drone」はドローンの基本的な装備を漏れなく搭載していて、現在のドローンのひな形になりました。

図4-3-2　デモ飛行中のAR.Drone
Youtube：Parrot AR.Drone チャンネル
「AR.Drone Tutorials #01：Indoor Flight Instructions」

ドローンによる配送サービス開始？

AmazonのCEO（現・取締役会長）ジェフ・ベゾスは2013年、ドローンによる配送サービス「Amazon Prime Air」の計画を発表。

その計画の当初には、2015年の配送サービス開始を目指していました。

ところが、広範囲の顧客に対応するネットワークの構築が困難なことや、法規制の問題をクリアできず、開始は延期されました。

＊

　米国連邦航空局（FAA）は2016年8月、小型UAV（無人航空機）の商用利用の新しい規定を発表。

　主な規定には、機体重量55ポンド（約25kg）未満、最大高度400フィート（約122m）、飛行速度制限時速100マイル（約161km/h）以下などがあります。

　ドローンの操縦者には、16歳以上という年齢制限があり、飛行証明書を取得する必要があります。

　飛行可能な時間帯は、日の出30分前から日没の30分後まで。

　季節によって、サービス提供時間帯が変わるという問題はありますが、ドローン配送に限らず、多くの分野で商用ドローンの運用ができるようになりました。

＊

　Amazonは新しい規定に合わせて、ドローンと配送システムを開発し、試験飛行を行なってきました。

　Amazonは2022年6月、ドローン配送サービスをカリフォルニア州ロックフォードで開始する準備をしていることを明らかにしました。

　「Prime Air」の開始日は未定ですが、「今年（2022年）の後半」と発表されています。

　このサービスが始まると「Amazonで注文した商品が1時間以内に届く」という、高速配送が実現します。

センス・アンド・アボイド・システム

　比較的近距離のドローン配送では、目視飛行で安全性が確保できます。

　一方、長距離のドローン配送では、目視外飛行の安全性確保が最重要課題です。

　鉄塔などの建造物や他の航空機との衝突回避はもちろんのこと、低空飛行時には、人間や動物などを確実に避けながら飛行させる必要があります。

＊

　そのような安全運航を実現するために開発されたのが、「センス・アンド・アボイド・システム」です。

　「アボイド(avoid)」は「避ける」という意味です。

　固定された構造物の自動回避は比較的簡単ですが、「アボイド・システム」では、航空機や動物など、動くオブジェクトも検知して、避けることができます。

荷物の下ろし方

　ドローン配送の主な荷物の下ろし方には、次の3種類があります。

> ①**着陸してから下ろす**
> ②**ホバリングしながら、ロープを伸ばして、荷物を降下させる**
> ③**ホバリングしながら、空中で荷物を解放して、落下させる**

　「Prime Air」の配達では、安全な高度でホバリングして、人などがいないことを確認してから、「荷物を解放して落下させる」という方法が採用されるようです。

　その方法では、人の身長よりも高い位置から落下させるため、ドローンが人に接触する危険を避けられます。

　また、配達が迅速に完了するというメリットもあります。

＊

　「落下させる」という配達方法は、壊れやすい商品には不向きです。

　陶器やガラス製品、精密機器などが「ドローン配達可能商品」に含まれるかどうか、注目されます。

配送ドローン開発の変遷

　Amazonの初期の配送用ドローン「MK4」は、比較的オーソドックスな形状の6ローターのドローンでした。

図4-3-3　MK4（https://www.aboutamazon.com/）

　Amazonは2015年11月、VTOL（垂直離着陸）のできる、ユニークな形状のドローン「MK23」を発表。「MK23」の見た目は航空機型ですが、大きな主翼はありません。

　基本的に8ローターのドローンなのですが、さらに1基のローターを尾翼に装備します。尾翼のローターは垂直に取り付けられていて、推進力を高めます。

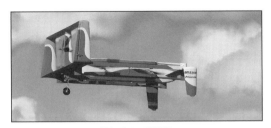

図4-3-4　MK23

　一般にドローンは、飛行時の揚力がほとんど発生しません。

　そのため、空中姿勢を保つために、多くのエネルギーを要します。

　「MK23」の開発では、そのようなドローンの欠点を補い、航行速度とエネルギー効率の向上を模索したのではないかと考えられます。

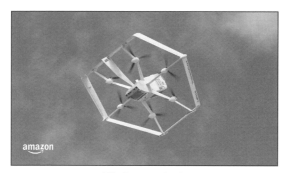

図4-3-5　MK27-2

　最新のドローン「MK27-2」は、6ローターに戻りました。

　フレーム全体の形状は六角形ですが、正六角形ではなく、1辺だけがやや長くなっています。

　その長い部分には垂直尾翼のようなパネルを装備し、中央の胴体とつながっています。

＊

　こうしたフレーム形状により、ドローンの特性を損なうことなく、推進力を高めています。

　ドローンの六角形の外周部は、細長いパネルになっていて、フレームとプロペラガードを兼ねています。

　周囲のパネルの一部には、飛行機の翼の「フラップ」のような部分が見られ、周囲のパネルは翼の役割もあると考えられます。

＊

　ドローンの高速飛行では、進む方向に機体を傾けます。その際に「MK27-2」のパネルに揚力が発生します。

　揚力が発生して、ローターのパワーを推進力に使える割合が増えれば、同じバッテリ容量で、より遠くまで荷物を運べます。

　Amazonのドローンの変遷を見ると、いろいろな研究を重ねた結果、「ドローンらしい形状」に落ち着いたところが、興味深いです。

航空法改正の問題点

2022年には航空法が改正され、ドローン操縦に必要なライセンスの取得や登録申請手続の制度が施行されました。

基本的なルールすら守れない一部の悪質ユーザーがいるため、運用ルールの厳格化はやむを得ないかもしれません。

しかし、煩雑な手続や手数料、高額な「リモートID」デバイスの購入など、大きな負担がドローンユーザーに課せられるようになりました。

これらの法改正は、業務でドローンを使う場合には、許容範囲でしょう。しかし、個人のホビーユーザーにとっては、負担が大き過ぎます。近年、ドローンの上級者によるレースなどの競技会が開催され、アーバンスポーツとして人気が高まってきましたが、直近の航空法改正は、ドローンの人気に少なからず悪影響がありそうです。

ドローンの未来と課題

ドローンの「自律飛行が可能」という特性は、農薬散布作業や配送業務に向いています。

＊

たとえば機体幅が1mクラスのドローンでは、約10kgの農薬を積載して飛行すると、約1.25ha（12500平方メートル）の農地に散布できます。

10a（1000平方メートル）を約1分程度で散布でき、作業を人力散布の約5倍の速さで完了します。

近い将来、日常的に多数の業務用ドローンが飛び交うようになると予想されています。配送や各種調査用ドローンの機体数が大幅に増えるでしょう。

近年、ゲリラ豪雨や線状降水帯による水害が増えています。気象観測用

ドローンが増えれば、局地的な大雨などを、より高精度に予測できるようになります。また、洪水などの被災地に空撮ドローンを急行させると、迅速な状況調査に役立ちます。調査と同時に医療物資なども迅速に届けられます。

　ドローンは、用途によって飛行計画が異なります。

　多数の多様なドローンが飛び交うようになると、衝突事故の危険性が高まります。ドローン同士だけでなく、他の航空機との衝突も予防する必要があります。

　「配送ドローン」など、共通業務の飛行では、似通った運行システムを使うため、業者間で運行ルートなどの情報を共有しやすいでしょう。

　現状では、それぞれの業者が多様なドローン運用システムを使っていて、衝突回避は、各システムの機能に依存されています。

　そのため、安全レベルはシステムによって異なり、低レベルなドローン同士が相対した場合には、事故の危険性が著しく高まる状況が発生します。

　異なる業種のドローン同士が、双方向に互いの位置や進行方向を把握して、ニアミスを防ぐような、「全ての業務用ドローンが情報を共有しながら自律運行する共通プラットフォーム」を早急に構築する必要があります。

索　引

索　引

159

■著者

1章　PCパーツ性能の移り変わり	3章　プログラミングとAI技術
[1-1] 勝田有一朗	[3-1] 英斗恋
[1-2] 本間　一	[3-2] 清水美樹
[1-3] 本間　一	[3-3] 新井克人
[1-4] 英斗恋	[3-4] 久我吉史
[1-5] 勝田有一朗	[3-5] 清水美樹

2章　ネットワークの普及と 　　　完全ワイヤレス化	4章　その他の技術
	[4-1] 御池鮎樹
[2-1] 瀧本往人	[4-2] 本間　一
[2-2] 瀧本往人	[4-3] 本間　一
[2-3] 瀧本往人	

質問に関して

●サポートページは下記にあります。

【工学社サイト】http://www.kohgakusha.co.jp/

本書の内容に関するご質問は、

① 返信用の切手を同封した手紙

② 往復はがき

③ FAX(03)5269-6031

　(ご自宅のFAX番号を明記してください)

④ E-mail　editors@kohgakusha.co.jp

のいずれかで、工学社編集部宛にお願いします。電話によるお問い合わせはご遠慮ください。

I/O BOOKS

身につく！「PCパーツ」「ネットワーク」「AI」の基礎知識

2023年1月30日　初版発行　ⓒ 2023	編　集	I/O編集部
	発行人	星　正明
	発行所	株式会社工学社
		〒160-0004
		東京都新宿区四谷 4-28-20 2F
	電　話	(03)5269-2041(代) [営業]
		(03)5269-6041(代) [編集]
	振替口座	00150-6-22510

※定価はカバーに表示してあります。

[印刷] シナノ印刷（株）　　　　　　　　　　　　　　ISBN978-4-7775-2236-1